Besondere Mitteilungen zum Deutschen Gewässerkundlichen Jahrbuch

Nr. 18

Herausgegeben vom Meteorologischen und Hydrologischen Dienst
der Deutschen Demokratischen Republik

Über die Hydrogeologie der Querfurt-Freyburg-Naumburger Muschelkalkmulde

von

Hermann Kalähne

Akademie-Verlag · Berlin

1957

Besondere Mitteilungen zum Deutschen Gewässerkundlichen Jahrbuch

Nr. 18

Herausgegeben vom Meteorologischen und Hydrologischen Dienst
der Deutschen Demokratischen Republik

Über die Hydrogeologie der Querfurt-Freyburg-Naumburger Muschelkalkmulde

von

Hermann Kalähne

Akademie-Verlag · Berlin

1957

Erschienen im Akademie-Verlag GmbH., Berlin W8, Mohrenstraße 39
Lizenz-Nr. 202 · 100/189/57 MdI der DDR, Nr. 3563
Satz und Druck: (IV/5/1) Druckerei Paul Dünnhaupt, Köthen (Sa.-Anh.) L 191/56
Bestell- und Verlagsnummer: 2086/18

Preis: DM 15,—
Printed in Germany

Inhaltsverzeichnis

ANLAGENVERZEICHNIS
(Anlagen am Schluß der Arbeit)

I. Exposition

Geohydrologie, Grundwasserhaushalt und Grundwasservorrat sind Begriffe, die eng mit der Geologie verknüpft sind, bisher aber zumeist nur getrennt untersucht worden sind.

Der Wasserhaushalt ist in großen Zeiträumen durch die Wasserhaushaltsgleichung Niederschlag = Abfluß + Verdunstung (N = A + V) bestimmt. In kleineren Zeiträumen muß die Gleichung erweitert werden um den Begriff „Rücklage minus Verbrauch aus der Rücklage" (R—B) oder mit anderen Worten um die Versickerung. Für Niederschlag und Abfluß sind verhältnismäßig genaue Zahlenwerte bekannt, während sie für Verdunstung und Versickerung nur angenähert vorliegen.

In folgender Arbeit sollen alle Komponenten der Wasserhaushaltsgleichung untersucht und in einem abgegrenzten Gebiet zahlenmäßig erfaßt werden.

Außerdem wird eine Berechnung des Grundwasservorrates in diesem Gebiet durchgeführt.

Um die Zahlenwerte für die Wasserhaushaltsgleichung möglichst genau bestimmen zu können, sollen zwei schwer zu erfassende Faktoren ausgeschaltet werden, der unterirdische Abfluß und die Versickerung in den tieferen Untergrund. Deshalb ist als Untersuchungsgebiet (Usg.) die Querfurt—Freyburg—Naumburger Muschelkalkmulde ausgewählt worden, die geologisch eng begrenzt ist und eine hydrogeologische Einheit bildet. Der Untere Buntsandstein begrenzt nach der Tiefe und den Seiten die Mulde durch seine tonige Ausbildung. Dadurch werden unterirdischer Abfluß und Versickerung in den tieferen Untergrund sehr klein sein.

Vorliegende Arbeit ist im Geologisch-Paläontologischen Institut der Martin-Luther-Universität Halle-Wittenberg in Halle/Saale ausgeführt worden.

Zu besonderem Dank bin ich meinem sehr verehrten Lehrer, Herrn Professor Dr. H. Gallwitz, verpflichtet, der mir die Anregung zu dieser Arbeit gab und mich bei ihrer Durchführung unterstützte und förderte.

Ferner danke ich der Geologischen Kommission, Außenstelle Halle, dem Meteorologischen- und Hydrologischen Dienst, Zweigstelle Halle, dem Bezirks-Hygiene-Institut Halle, den Verwaltungen der Braunkohlengruben, der Industrie- und Wasserwerke, den Räten der Kreise, Städte und Gemeinden und anderen Institutionen für ihre Gewährung der Einsichtnahme in Bohrregister, Kartenwerke, Aufstellungen von Meß- und Untersuchungsergebnissen, Gutachten und sonstige Akten.

II. Das Untersuchungsgebiet

Das Untersuchungsgebiet erstreckt sich über den größten Teil der Kartenblätter Querfurt, Halle-Süd, Naumburg und Zeitz der topographischen Karte 1 : 100 000 oder des Kartenblattes Halle der geologischen Übersichtskarte 1 : 200 000 (Anlage 1).

Als Begrenzung des Untersuchungsgebietes (Anlage 2) sind folgende Orte zu nennen: im Norden Röblingen am See und Teutschenthal, im Osten Merseburg, Weißenfels, Granschütz und Teuchern, im Süden und Südwesten Eisenberg, Camburg, Großheringen-Bad Sulza und Eckartsberga und schließlich im Westen Rastenberg, Wangen und Allstedt.

Damit umfaßt das Gebiet geographisch den Höhenzug der Finne, die Querfurt-Freyburg-Naumburger Muschelkalkplatte mit ihrer Umrandung und schließt eine Fläche von 1600 km^2 ein, deren Berechnung mit Hilfe des Planimeters erfolgte.

Das Gelände flacht sich ab von der Finne bei Rastenberg (etwa + 320 m NN) über die Muschelkalkhochfläche (+ 250 bis + 200 m NN) auf das Niveau der Saale bei Merseburg und des ehemaligen Salzigen Sees bei Röblingen/See (etwa + 80 m NN) (Anlage 3).

In den Höhenzug der Finne sowie die Muschelkalkplatte haben sich die Flüsse in zum Teil tiefen, schmalen Tälern eingeschnitten, wie zum Beispiel die Lossa bei Rastenberg, die Unstrut von Wangen bis Naumburg und die Weida von Querfurt bis Schraplau. Hydrographisch gehört das Untersuchungsgebiet dem Flußsystem der Saale von Stöben bei Camburg bis zur Einmündung der Salzke (Salza) bei Salzmünde an sowie den hinzugehörenden Nebenflüssen (Anlage 4).

Geologisch stellt das Untersuchungsgebiet die Querfurt—Freyburg—Naumburger Muschelkalkmulde mit dem anschließenden Buntsandstein bis zur Grenze des Mittleren zum Unteren Buntsandstein dar, so daß die Abgrenzung keineswegs willkürlich getroffen worden ist, sondern dieser Schichtgrenze folgt. Die Begründung hierfür liegt im Gesteinscharakter. Der Untere Bundsandstein wirkt durch seine zahlreich eingeschalteten Tonhorizonte als Grundwassersohle für die Sandsteinschichten des Mittleren Buntsandsteins. Im Nordosten schließt der Teutschenthaler Sattel das Gebiet ab. Im Südwesten ist die Verwerfung der Finne zur Thüringer Keupermulde eine naturgegebene Trennungslinie. In südöstlicher Verlängerung der Finne über Camburg hinaus bis in die Gegend von Eisenberg zeichnet sich die Begrenzung nur durch einige, kleinere Störungen ab, so daß hier der Abschluß zum Teil künstlich gezogen worden ist.

III. Die Hydrogeologie des Untersuchungsgebietes

1. Schichtenfolge vom Rotliegenden bis zum Quartär

Rotliegendes

Das Rotliegende ist in wenigen Bohrungen (Abbildung 1) erreicht worden. Die Bohrung Wengelsdorf südlich Merseburg durchteuft 236 m unterrotliegende Schiefertone und Sandsteine. In den anderen Bohrungen wurde oberrotliegendes Porphyrkonglomerat festgestellt.

Zechstein

Der Zechstein (Abbildung 2) tritt in seiner normalen Ausbildung als Unterer, Mittlerer und Oberer Zechstein auf. Zechsteinkonglomerat, Kupferschiefer und Zechsteinkalk sind im Unteren Zechstein vorhanden. Die Zyklen von Anhydrit, Steinsalz, Kalilager und Salzton treten im Mittleren und Oberen Zechstein auf.

Da sich das Untersuchungsgebiet nach Osten hin dem paläogeographischen Beckenrand des Zechsteins nähert, geht der Graue Salzton und Hauptanhydrit des Westteiles des Untersuchungsgebietes im Hangenden des Älteren Steinsalzes (Staßfurt-Serie) nach Osten zu in eine unregelmäßige Schichtenfolge von Anhydrit und mergeligen Karbonatgesteinen über. Infolge Löslichkeit und Klüftung des Kalkes sind die Zechsteinsalze in diesem Gebiet zumeist ausgelaugt. Vereinzelt stehen — wie im Bohrloch Spergau — Salzreste. Einige Solquellen wie in Bad Kösen, Bad Sulza und in der Gegend von Poserna östlich von Weißenfels treten zutage. Auch Salzwässer sind in Bohrungen in Bad Kösen und Bad Sulza erschlossen worden. Über Solquellen und Solbohrungen bestehen jedoch nur lückenhafte Aufzeichnungen [28].

Am Übergang vom anstehenden Salz zum ausgelaugten Gebiet ist der Salzhang ausgeprägt. Er verläuft von Norden nach Süden aus der Gegend von Halle in Richtung auf Bad Kösen [20].

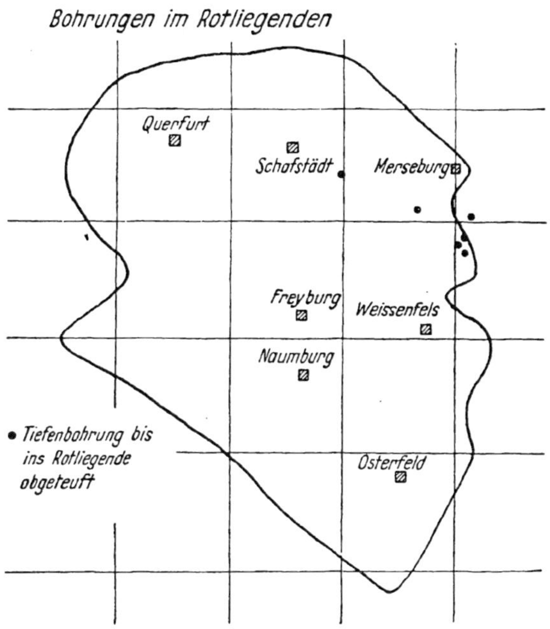

Abb. 1

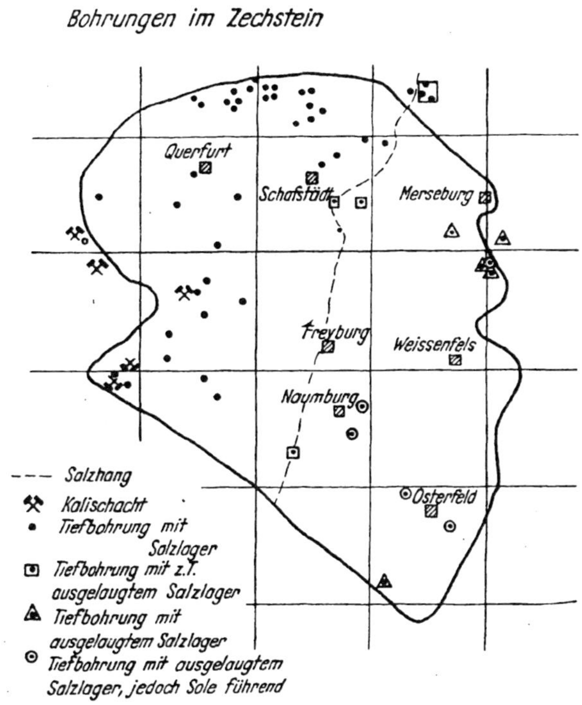

Abb. 2

Buntsandstein

Der Untere Buntsandstein (Anlage 2), dessen Ausstrich — wie oben erwähnt — die Grenze des Untersuchungsgebietes bildet, zeigt im Gesteinsaufbau mehrfach wechselnde bunte Schieferletten und Tone mit fein- und kleinkörnigen Sandsteinbänken, die wenig geklüftet sind. Die Wasserführung ist dementsprechend geringfügig und dadurch die Abgrenzung des Untersuchungsgebietes am Hangenden des Unteren Buntsandsteines gerechtfertigt. Im unteren Teil des Unteren Buntsandsteines sind Kalksandstein und Rogenstein ausgebildet. Sie führen Grundwasser, das versalzen sein kann durch die liegenden Zechsteinsalze. Die Gesamtmächtigkeit des Unteren Buntsandsteines beträgt etwa 300 m.

Der Mittlere Buntsandstein (Anlage 2) besteht aus mittel- und grobkörnigen Sandsteinen mit eingeschalteten Schieferton- und Lettenschichten. Seine Mächtigkeit nimmt von Süden nach Norden von 220 m auf 275 m zu. Die Porosität und Klüftung des Mittleren Buntsandsteines und damit seine Wasserführung ist größer als die des Unteren Buntsandsteines.

Für die Wassererschließung aus dem tieferen Untergrund des Untersuchungsgebietes kommt besonders der Mittlere Buntsandstein in Frage. Er soll deshalb genauer beschrieben werden.

Um die Jahrhundertwende wurden zur Zeit des Kalifiebers mehrere Bohrungen gestoßen, die allerdings zum Teil für die Schichten bis zum Buntsandstein ungenaue und teilweise summarische Angaben aufweisen, da sie bis in den Unteren Buntsandstein hinein als Meißelbohrungen niedergebracht worden sind. Mitteilungen über Wasserführung sind bei diesen alten — von der Geologischen Landesanstalt veröffentlichten — Bohrungen nicht erhalten, so daß sie nur stratigraphisch ausgewertet werden können. Neuere Bohrungen sind entweder Flachbohrungen oder gehen höchstens bis in den Mittleren Buntsandstein hinab, ohne ihn zu durchteufen.

Nach einer ersten Gliederung des Mittleren Buntsandsteins der Mansfelder Mulde durch E. WUEST [108] setzt sich die 275 m mächtige Schichtenfolge aus drei Sandsteinhorizonten (unterer, mittlerer, oberer) mit zwei Tonzwischenschichten zusammen (Abbildung 3).

Eine Profilaufnahme des Mittleren Buntsandsteins von F. LOTZE [68] ergab in der Ziegelrodaer Forst vier Sedimentationszyklen A—D, bei denen I der sandigen und II der tonigen Fazies entsprechen (Abbildung 3).

E. PICARD greift bei der Bearbeitung von Wasserbohrungen im Geiseltal [82] die Gliederung von WUEST wieder auf.

Vereinigt man nun die beiden von WUEST und LOTZE aufgestellten Gliederungen und stimmt die Grenzen nach der genaueren Schichtenfolge von LOTZE ab (arabische Zahlen in der Veröffentlichung [68]), so ergeben sich fünf Zonen mit vorwiegenden Sandsteinen und 5 Zonen mit Tonvorherrschaft, bei denen die römischen Zahlen den Zyklus und der Buchstabe a Sand-, der Buchstabe b Tonvorherrschaft angeben (Abbildung 3).

Ein Beispiel soll dieses erläutern. Die untere, tonige Zwischenzone (uZ) von WUEST ist wiederzuerkennen in den durch arabische Zahlen gekennzeichneten Schichten von LOTZE. Jedoch hat LOTZE diese tonigen Schichten mit zur sandigen AI-Zone gerechnet. Bei der Vereinigung und Abstimmung der beiden Gliederungen erscheint der tonige Horizont Ib etwas höher im Profil und ist mächtiger.

Vergleicht man die so gewonnene Gliederung und Mächtigkeit des Nordens des Untersuchungsgebietes mit der des Südens der Gegend von Jena (Blatt Jena bzw. südliches Anschlußblatt Kahla), so zeigt sich zunächst eine Mächtigkeitsabnahme von 275 m auf 220 m (Abbildung 3). Siehe nebenstehend!

Es sind zu parallelisieren:

Die Horizonte Ia—IIa mit sm_{1u} — einem grauen, kaolinreichen, feinkörnigen Sandstein, der relativ arm an tonigen Zwischenlagen ist.

Die Horizonte IIb—IIIb (und zwar bis zur Schicht 38 der Gliederung von LOTZE) mit sm_{1m+o} - hellem Sand, buntem Schieferton, festem Sandstein mit Gervillia Murchisoni, grauem und rotem, mürbem Sandstein und Schieferton.

Die Horizonte IIIb (von Schicht 39 an) — IVb mit sm_2 — braunroten, dickbankigen Sandsteinen, die durch dunkelrote, weit seltener grüne, glimmerreiche oder glimmerfreie Schiefertone getrennt werden.

Die Horizonte Va — Vb mit sm_3 — hellen, karbonatischen Sandsteinen mit Karneol und Chirotherienfährten und spärlichen, grünen und dunkelroten tonigen Zwischenschichten.

Die Mächtigkeit beträgt danach für

Horizont	Mächtigkeit (m) im	
	Norden	Süden
Vb	3	2
Va	25	18
IVb	5	5
IVa	25	25
IIIb	56	51
IIIa	30	29
IIb	31	30
IIa	53	32
Ib	27	16
Ia	20	12
sm	275	220

Die den Mittleren Buntsandstein durchteufenden Bohrungen zeigen die Mächtigkeitsverhältnisse der Übertageprofile (im Norden um 275 m, im Süden um 220 m) und lassen sich in die genannte Gliederung des Mittleren Buntsandsteines einordnen. Geringe Abweichungen können durch örtliche Verschiedenheiten bedingt sein. Einige Bohrungen fallen bei der Horizontierung des Mittleren Buntsandsteines infolge mangelhafter Bohrjournale aus.

Schichtenfolge des Mittleren Buntsandsteins

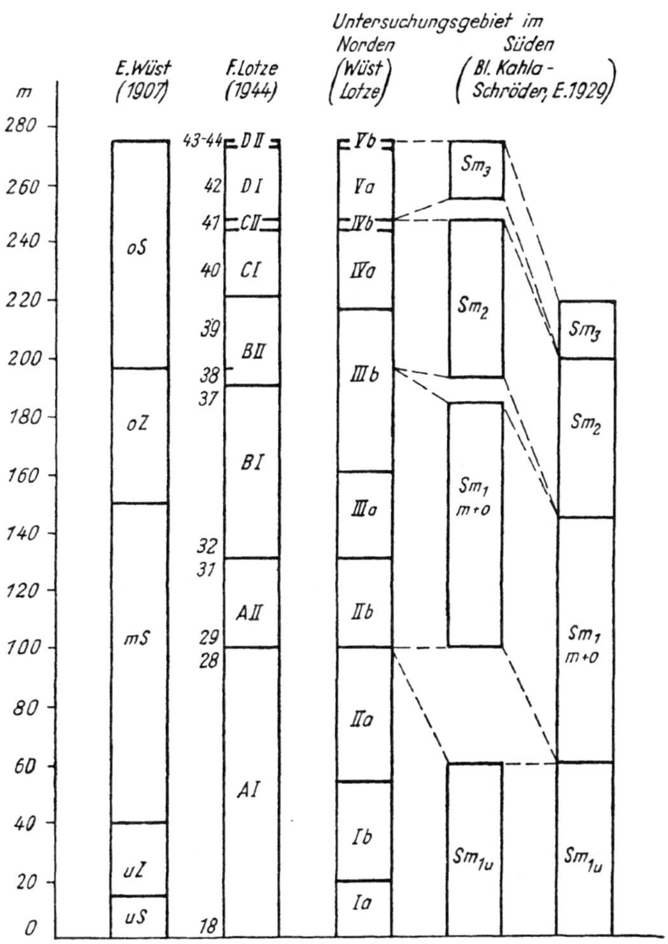

Abb. 3

Nach den Bohrergebnissen kann das generelle Einfallen der Schichten der Querfurt—Freyburg—Naumburger Mulde berechnet werden. Danach schwankt der Einfallswinkel auf dem Nordost- bzw. Ostflügel zwischen 1° im Süden und 2° im Norden sowie auf dem Südwest- bzw. Westflügel ebenfalls zwischen 1° im Süden und 2° im Norden.

Sind Horizontierung und Mächtigkeit des Mittleren Buntsandsteines sowie das generelle Einfallen der Schichten an bekannten Bohrungen belegt, so ist es möglich, infolge der einfachen Lagerungsverhältnisse weitere Bohrungen im Mittleren Buntsandstein — bei denen die Hangendgrenze nicht mehr vorhanden, die Liegendgrenze aber nicht erbohrt worden ist — stratigraphisch zu horizontieren und die Schichtenfolge zu ergänzen, eine Gliederungsmöglichkeit, die später (Seite 14) in der spezifischen Ergiebigkeit der Brunnen ihre Bestätigung finden wird.

Mit Hilfe der Schichtenfolgen aller zur Verfügung stehenden Bohrungen und Brunnen ist eine Karte der Strukturfläche des Liegenden des Mittleren Buntsandsteins konstruiert worden (Anlage 5). Die Karte zeigt deutlich den Muldencharakter des Untersuchungsgebietes, denn die Liegendfläche senkt sich im Süden von Osten her von + 300 m NN und von Westen her von + 200 m NN auf — 300 m NN ein. Im Norden, in der Querfurter Mulde, reicht in einer Spezialmulde das Liegende bis — 500 m NN hinab.

Die Tiefen von der Geländeoberfläche bis zum Liegenden des Mittleren Buntsandsteins sind auf der folgenden Karte (Anlage 6) eingetragen. Auch hier bedingt das geringe Relief im Muldeninnern die höchsten Zahlenwerte. Diese Karte veranschaulicht die größten Bohrlochtiefen für Brunnen, die aus dem Mittleren Buntsandstein Wasser fördern sollen.

Die fünf Sandsteinhorizonte des Mittleren Buntsandsteines sind für die Grundwasserführung besonders geeignet, während die fünf Tonhorizonte grundwasserarm sind. Der Grundwasserspiegel in den Sandsteinen des Mittleren Buntsandsteines liegt zwischen + 80 m NN im Nordosten und + 270 m NN im Südwesten des Gebietes (Anlage 8).

Der niedrigste Grundwasserspiegel von + 80 m NN im Nordosten ist der Wasserspiegel im Wasserwerk Evaschacht nördlich Steuden, dessen Schacht im III a-Horizont steht.

Der höchste Grundwasserspiegel von + 270 m NN im Südwesten des Untersuchungsgebietes ist in den Flachbrunnen der Wasserversorgungsanlagen der Orte Borgau und Wischroda südwestlich von Bad Bibra im IV a-Horizont anzutreffen.

Zahlreiche Quellen treten aus den verschiedenen Horizonten des Mittleren Buntsandsteins aus, deren Schüttung teils klein, teils groß ist und im Mittel um 1 l/sec liegt. Vereinzelt werden Quellen des Mittleren Buntsandsteins auch als Heilwässer genutzt infolge erhöhten Eisengehaltes, wie die Quelle von Bad Lauchstädt. Die Quellen von Rastenberg und Bad Bibra sind wegen ihrer zu geringen Eisenführung jetzt stillgelegt.

Der 150 m mächtige Obere Buntsandstein (Anlage 2) besteht aus dünnblättrigem, meist dunkelrotem Ton (Letten) mit eingeschalteten Schnüren von Fasergips und aus graugrünem Mergel mit eingelagerten festen Kalkbänken. Außerdem sind eingeschaltet Salz- und Gipsnester. Diese Ausbildung hat zur Folge, daß nur geringe Grundwassermengen im Oberen Buntsandstein enthalten sind, die hart und salzig durch Gips- und Salzführung sind. Der Grundwasserspiegel liegt zwischen + 80 m NN (Brunnen der Konservenfabrik Laucha) und + 300 m NN (Wasserversorgung Gösen an der Südspitze des Untersuchungsgebietes).

Muschelkalk

Vom Muschelkalk (Anlage 2) ist in der nach ihm benannten Querfurt—Freyburg—Naumburger Muschelkalkmulde durchgehend der Untere Muschelkalk vorhanden, während Mittlerer und Oberer Muschelkalk nur in kleineren, tieferen Spezialmulden erhalten geblieben sind und zwar in einer kleineren nordöstlich von Querfurt und einer größeren südlich von Freyburg und Naumburg.

Die Schichtenfolge entspricht dem in Mitteldeutschland bekannten Muschelkalkprofil. Der 100 m mächtige Untere Muschelkalk besteht aus flaserigen, dünnplattigen Kalksteinen, denen die dickbankigen Oolith-, Terebratula- und Schaumkalkhorizonte eingelagert sind. Der etwa 40 m mächtige Mittlere Muschelkalk weist Mergelkalke mit Einschaltung von plattigen Kalken, Gips und Salz auf. Im Oberen Muschelkalk treten der Trochitenkalk und die Tonplatten, plattige und dünnbankige Kalksteine sowie Schiefermergel und Schiefertone auf bei einer Gesamtmächtigkeit des Oberen Muschelkalkes von 40 m.

Durch Bankung und Klüftung ist besonders der Untere Muschelkalk wasseraufnahmefähig. Die Wasser weisen große Karbonathärte auf. Die Angaben des Grundwasserstandes bewegen sich im Unteren Muschelkalk zwischen + 100 m NN und + 190 m NN im gesamten Gebiet. Diese großen Schwankungen sind auf den petrographischen Charakter des Muschelkalkes zurückzuführen, da das Grundwasser mehr an Spalten und Klüfte gebunden ist, so daß sich ein durchgehender Grundwasserspiegel nicht ausbilden kann.

Auch aus dem Unteren Muschelkalk treten Quellen aus wie z. B. die Geisel- und 12-Apostelquellen [73].

Der Grundwasserspiegel der Stockwerke im Mittleren und Oberen Muschelkalk liegt in den einzelnen Teilgebieten infolge der Spezialmuldenbildung verschieden hoch. Innerhalb der jeweiligen Vorkommen schwankt der Grundwasserspiegel nur wenig.

Keuper

Das Verbreitungsgebiet des Keupers (Anlage 2) — es tritt nur der Untere Keuper auf — ist beschränkt auf einen kleinen Raum zwischen Eckartsberga und Großheringen. Die Gesamtmächtigkeit des Unteren Keupers von etwa 45 m wird in diesem Gebiet nicht erreicht, so daß nur der Kohlenkeuper (ku_1) mit grauen Letten, Sandsteinen und Okerkalken auftritt. Die Wasserführung entspricht dem Wechsel wasseraufnahmefähiger (Sandsteine und Kalke) und wasserstauender Schichten (Letten), tritt aber durch die geringe Verbreitung des Keupers im Untersuchungsgebiet weitgehend zurück.

Tertiär

Das Tertiär mit eozänen Sanden, Kiesen, Tonen und Braunkohle ist in eng begrenzten Vorkommen vertreten, die sich über das gesamte Untersuchungsgebiet verteilen (Abbildung 4) und zwar in teils kleiner, teils großer Mächtigkeit. Das Liegende wird zumeist von Basalton gebildet, dem dann wechsellagernd Sande, Kiese und Tone folgen. Die Mächtigkeit schwankt z. B. im Geiseltal von 3 m bis 70 m.

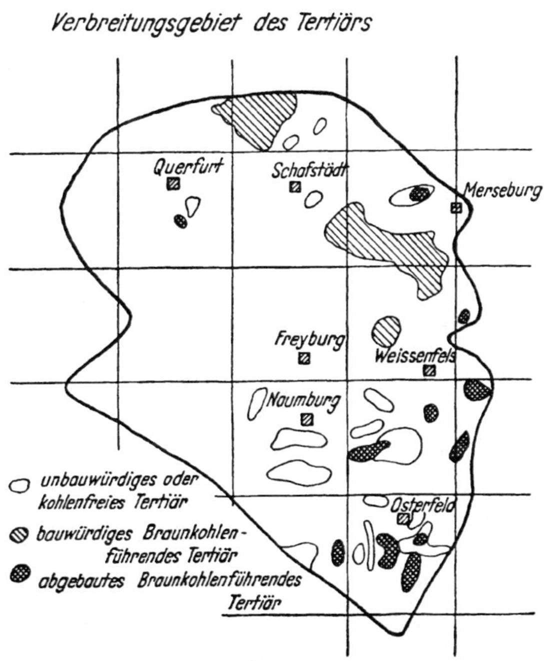

Abb. 4

Darüber lagert das Kohlenflöz, das durch sandige oder tonige Zwischenmittel gegliedert wird. Die Bildung mächtiger Braunkohlenflöze wird durch Salzauslaugung im Zechstein und Oberen Buntsandstein und damit verbundenem Sinken des Untergrundes bedingt.

Das Hangende setzt sich aus Sanden und Quarzkiesen zusammen, und nur vereinzelt bilden Tone lokale Grundwasserstauer. Die Mächtigkeit des Hangenden kann bis zu 20 m ansteigen, auch durch Erosion geringer sein oder sogar gänzlich fehlen wie im Oberröblinger Revier.

Die einzigen größeren, noch in Förderung stehenden Braunkohlengebiete des Untersuchungsgebietes sind das Oberröblinger Revier ganz im Norden und das Geiseltal mit dem südlich anschließenden Bergbau bei Roßbach. In diesen sind größere Braunkohlenmächtigkeiten anzutreffen bis zu maximal 100 m an einigen Stellen im Geiseltal.

Das Oberröblinger Revier erstreckt sich südlich des ehemaligen Salzigen Sees von Wansleben bis über Röblingen/See hinaus und nach Süden bis Stedten, Asendorf und Etzdorf, lagert also auf Unterem, Mittlerem und Oberem Buntsandstein und Unterem Muschelkalk.

Das Gebiet der Braunkohlenvorkommen im Geiseltal hat eine Länge von 11 km und eine Breite von 3 km. Es liegt auf dem ausstreichenden Oberen Buntsandstein.

Zwischen der Roßbacher Braunkohlenlagerstätte und dem Kohlenvorkommen des Geiseltales besteht, wie Bohrungen erwiesen haben, keine Verbindung. Die Lagerstätte umfaßt ein verhältnismäßig eng begrenztes, fast kreisförmiges Gebiet von Roßbach bis Pettstädt als Durchmesser und liegt teils auf Oberem Buntsandstein, teils auf Unterem Muschelkalk.

Aufgelassen ist der Braunkohlenbergbau bereits wieder in der Gegend südlich Osterfeld bei Waldau, Kleinhelmsdorf, Walpershain und auch bei Querfurt.

Das Gebiet um Granschütz südöstlich Weißenfels, der einzigen Stelle, an der der Zeitz-Weißenfelser Braunkohlenbergbau auf das Untersuchungsgebiet übergreift, ist ausgekohlt.

Das Tertiär enthält große Grundwassermengen in seinen Sanden und Kiesen. Das Grundwasser tritt in mehreren Grundwasserstockwerken auf, die durch eingelagerte Kohlen- und Tonhorizonte gebildet werden. Beim Auskeilen dieser Horizonte gehen die Stockwerke ineinander über. Die Braunkohle enthält auch Wasser, das bis zu einem gewissen Grade frei beweglich ist.

Von reichlicher Grundwasserführung im Tertiär zeugen einerseits die Schwierigkeiten bei den Aufschlußarbeiten — wie sie besonders aus dem Geiseltal bekannt sind — andererseits die großen Fördermengen der Grubenwasserhaltungen (Seite 28) der wenigen noch in Betrieb befindlichen Tagebaue von 34,2 m³/min oder 49.105 m³/Tag. Die Grundwasserverhältnisse sind in diesen Gebieten gestört, und der Grundwasserspiegel ist z. B. im Geiseltal bis unter —20 m NN von etwa + 90 m NN abgesenkt worden.

Quartär

Das Pleistozän ist vertreten durch glaziale und interglaziale Sedimente mit Geschiebemergel und -lehm, Kiese, Sande und Tone sowie durch Löß, der fast das gesamte Untersuchungsgebiet bedeckt. Die einzigen größeren zusammenhängend von Löß entblößten Gebiete sind die Flächen des Mittleren Buntsandsteins der Ziegelrodaer Forst und der Finne. Die Mächtigkeit des Pleistozäns schwankt recht beträchtlich, kann aber bis auf 20 m ja sogar 50 m anwachsen wie über der tiefsten Beckenstelle des Oberröblinger Reviers [87].

Zusammenhängende Grundwasservorkommen sind nur in den Flußterrassen vorhanden. Die unterschiedliche Ausbildung des Pleistozäns verhindert durchgehende Grundwasserstockwerke.

Das Grundwasser liegt nur wenige Meter unter der Geländeoberfläche, paßt sich also der Morphologie an und bewegt sich zwischen + 300 m NN im Südosten in der Gegend von Osterfeld und + 90 m NN im Norden bei Merseburg und Röblingen/See.

Die Grundwasserführung ist nicht erheblich und reicht zumeist nur für Einzelwasserversorgungen aus.

Das Holozän bildet mit Kies, Sand, Lehm und humosem Mergel die Talauen der heutigen Flüsse, wobei durch Zunahme des Humusgehaltes die Mergel in unreinen Torf übergehen können wie z. B. bei Zscherben im Unteren Geiseltal. In den Talauen sind — je nach Beschaffenheit des Grundwasserleiters — zum Teil Grundwasservorräte vorhanden, die für größere Grundwasserversorgungsanlagen ausreichende Wassermengen zu liefern vermögen. Sie bewegen sich annähernd in den gleichen Höhenlagen wie im Pleistozän.

2. *Grundwasserspiegel und Grundwasserstockwerke*

Die Querfurt—Freyburg—Naumburger Muschelkalkmulde ist in hydrogeologischer Hinsicht ein günstiges Untersuchungsgebiet. Sie stellt eine fast allseitig begrenzte Mulde dar, die nach der Tiefe ihren hydrologischen Abschluß an der Grenze des Mittleren zum Unteren Buntsandstein findet. Schieferletten und Tone herrschen im Unteren Buntsandstein vor und bilden so eine natürliche Grundwassersohle.

Aus dem Untersuchungsgebiet liegen Beobachtungen des Grundwasserstandes vor, die z. T. allerdings nur kurzfristig durchgeführt worden sind. In einigen Ortschaften sind angenäherte Werte für die Grundwasserhoch- und -tiefstände ermittelt worden.

Genaue, langfristige Beobachtungen des Grundwasserstandes mit Auswertung in Ganglinien stehen im Gebiet um den Braunkohlenbergbau des Geiseltales zur Verfügung. Die Beobachtungsbrunnen und -rohre verteilen sich allerdings auch im Geiseltal nicht gleichmäßig über das Gelände, sondern sind angehäuft in den Ortschaften.

Trotz zahlreicher Lücken ist es möglich gewesen, die Grundwasserverhältnisse im Untersuchungsgebiet zu erfassen.

Die Grundwasserspiegelschwankungen bewegen sich mit Ausnahme des unmittelbaren Bergbaugebietes in normalen Grenzen (Anlage 7). Im Muschelkalk sind natürlich die jahreszeitlichen und langjährigen Schwankungen recht groß, sie betragen bis zu 21 m. Auch in Flachbrunnen verschiedener Formationen können Schwankungen bis zu 7 m auftreten. Demgegenüber haben tiefere Brunnen und Brunnen im Mittleren Buntsandstein eine gleichmäßigere Grundwasserführung.

In der Querfurt—Freyburg—Naumburger Muschelkalkmulde tritt das Grundwasser in mehreren Stockwerken auf (Anlage 8). Diese Stockwerke passen sich dem Muldencharakter des Untersuchungsgebietes an, so daß sie an den Rändern der Mulde höher liegen als im Innern und besonders tief in stark eingemuldeten Gebieten. Das Grundwasser ist zum Muldenkern hin in den tieferen Horizonten in steigendem Maße gespannt.

Der freie Grundwasserspiegel liegt im Mittleren Buntsandstein des Untersuchungsgebietes zwischen + 80 m NN und + 270 m NN, im Unteren Muschelkalk zwischen + 100 m NN und + 190 m NN (Anlage 8). Diese Grundwasserstockwerke des Mittleren Buntsandsteins und Unteren Muschelkalkes zeigen keine Grundwasserhöhenkurven, da die Anzahl der Bohrungen und Brunnen mit Angabe des Grundwasserspiegels zu gering ist.

Im Tertiär des Geiseltales senken sich die Grundwasserhöhenkurven bis zu + 50 m NN, in zwei tiefen Trichtern sogar bis zu — 20 m NN.

Das höchste Grundwasserstockwerk, das des Quartärs, paßt sich der Geländeoberfläche an, d. h. es überzieht fast das gesamte Untersuchungsgebiet gleichmäßig und tritt bedeutend in den Flußtälern in Erscheinung. Dieses Stockwerk braucht auf der Karte nicht besonders dargestellt zu werden, da es sich durch das Flußsystem kennzeichnet.

Im Muldeninnern ist der Grundwasserspiegel des Mittleren Buntsandsteines gespannt, da er von tonig ausgebildetem Oberen Buntsandstein überlagert wird. Die Karte als Anlage 13 zeigt die Isohypsen der Obergrenze des Mittleren Buntsandsteines, die identisch sind mit dem gespannten Grundwasserspiegel des Mittleren Buntsandsteines.

Der Grundwasserspiegel liegt im Quartär von 0 m bis 10 m unter der Geländeoberfläche. In allen anderen Horizonten kann er in den gleichen Lagen wie im Quartär oder erst in Tiefen bis zu 100 m erreicht werden.

3. Spezifische Ergiebigkeit

Zur Auswertung und Gegenüberstellung von Brunnenförderungen wird die spezifische Ergiebigkeit, die definiert ist durch Förderung in Liter/Sekunde je Absenkung des Wasserspiegels in Metern, herangezogen. Sie ermöglicht die Horizontierung der Brunnen des Mittleren Buntsandsteines. Herangezogen sind die spezifischen Ergiebigkeitswerte nur von den Brunnen, die aus einem einzigen Horizont Wasser fördern. Der weitaus größere Teil der Brunnen ist nicht berücksichtigt worden. Sie heben das Wasser aus mehreren Horizonten. Außerdem sind über die Brunnen nur mangelhafte Wasserspiegelangaben und Aufzeichnungen der geologischen Schichtenfolge vorhanden oder fehlen gänzlich. Aus den Einzelwerten ergeben sich folgende Mittelwerte der spezifischen Ergiebigkeit.

Horizont	Anzahl der Brunnen	Spezifische Ergiebigkeit l/s/m von	bis	Mittel
d	7	0,47	6,70	3,22
e	3	0,15	1,70	0,67
ku	1	—	0,18	0,18
mo	2	0,06	0,08	0,07
mm	2	0,60	1,70	1,15
mu	23	0,01	20,80	1,64
so	6	0,33	2,35	0,94
sm				
Vb	—	—	—	—
Va	—	—	—	—
IVb	—	—	—	—
IVa	1	—	0,92	0,92
IIIb	4	0,01	0,40	0,18
IIIa	2	0,21	1,10	0,66
IIb	—	—	—	—
IIa	4	0,60	2,80	1,28
Ib	—	—	—	—
Ia	1	—	0,55	0,55
su	3	0,30	1,30	0,64

Sowohl bei den Einzel- als auch bei den Durchschnittswerten treten große Schwankungen der spezifischen Ergiebigkeit auf. Die extremsten spezifischen Ergiebigkeiten von 0,01 l/s/m bis 20,80 l/s/m liegen beim Unteren Muschelkalk vor, da seine Wasserführung besonders abhängig ist von der Klüftung des Gesteines.

Die 8 spezifischen Ergiebigkeitswerte der an Sandsteinen reichen a-Horizonte des Mittleren Buntsandsteines bewegen sich von 0,21 l/s/m (IIIa) bis 2,80 l/s/m (IIa) und ergeben als Durchschnitt 0,99 l/s/m. Demgegenüber sind die Werte des tonigen Horizontes IIIb sehr viel kleiner, denn sie ergeben als Durchschnitt 0,18 l/s/m. Weitere Angaben über die b-Horizonte des Mittleren Buntsandsteines liegen nicht vor. Dieses erklärt sich daraus, daß Brunnen in anderen b-Horizonten noch geringere spezifische Ergiebigkeit aufweisen würden. Deshalb werden derartige Brunnen bis in den nächst tieferen, ergiebigeren a-Horizont abgeteuft worden sein.

So ist auch mit Hilfe der spezifischen Ergiebigkeit die Horizontierung von Brunnen im Mittleren Buntsandstein annähernd möglich. Durch die unterschiedliche spezifische Ergiebigkeit kann festgestellt werden, ob ein a- oder b-Horizont erschlossen worden ist.

4. Chemismus des Grundwassers

Die chemische Beschaffenheit des Grundwassers ist für die Bewertung und die Einstufung des Wassers wichtig und gestattet teilweise Rückschlüsse auf Herkunft und Wanderwege des Grundwassers. Zur Untersuchung des Chemismus des Grundwassers im

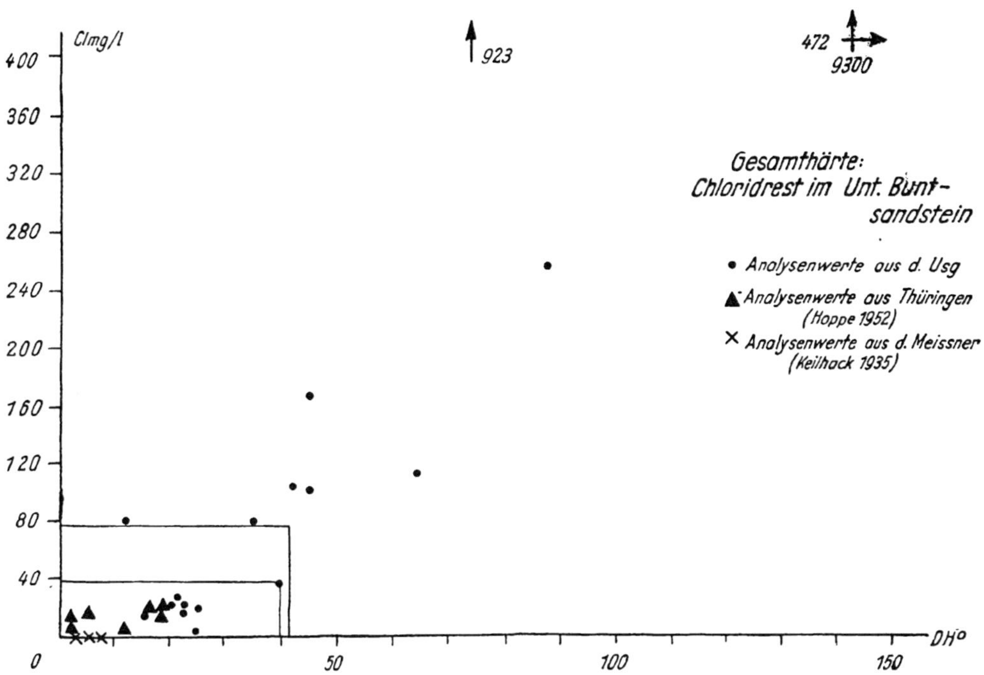

Abb. 5

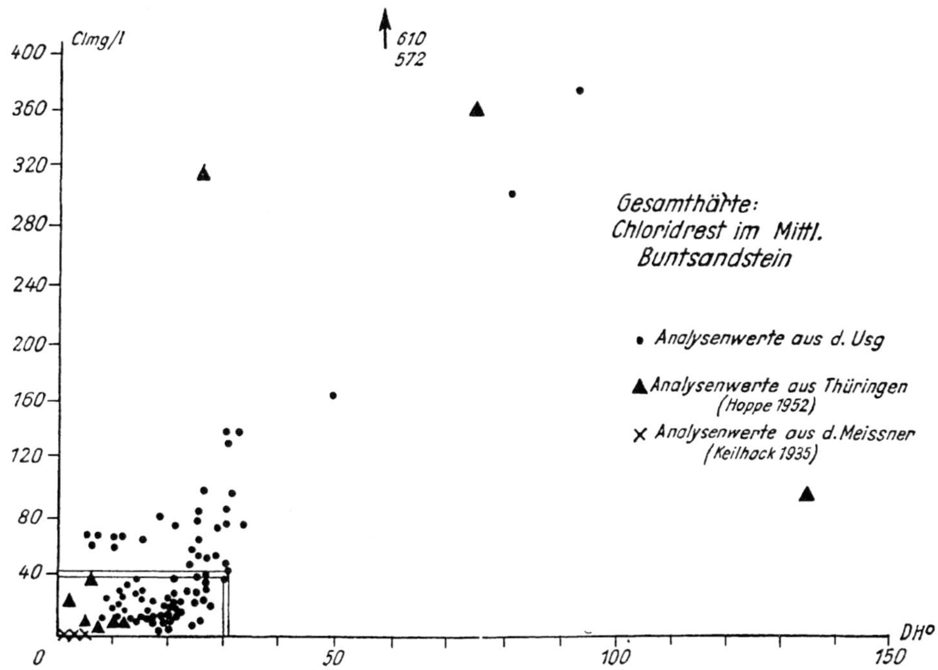

Abb. 6

Untersuchungsgebiet haben 419 Analysen zur Verfügung gestanden, die zumeist im Bezirks-Hygiene-Institut Halle oder im Braunkohlenlaboratorium Amsdorf ausgeführt worden sind. Eine jahreszeitliche Parallelisierung der Analysenwerte ist nicht möglich, da aus einem Brunnen zumeist nur eine Probe zur Verfügung steht, die Proben aller Brunnen sich aber über das gesamte Jahr verteilen. Ferner sind Angaben über die geologische Schichtenfolge der Brunnen, aus denen die Proben entnommen worden sind, zumeist nicht mitgeteilt wor-

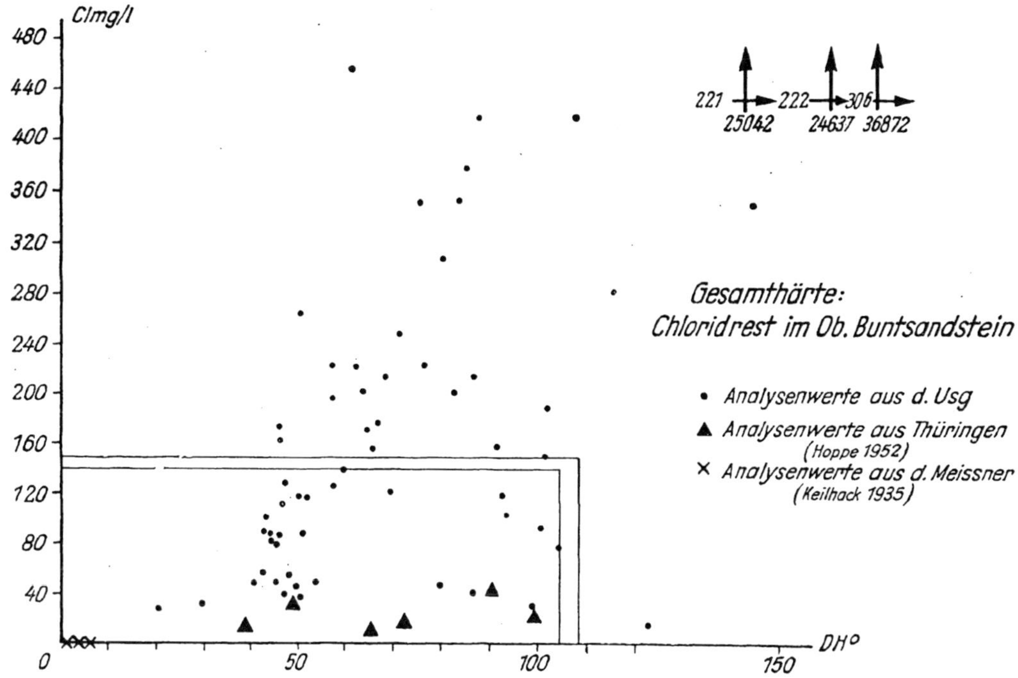

Abb. 7

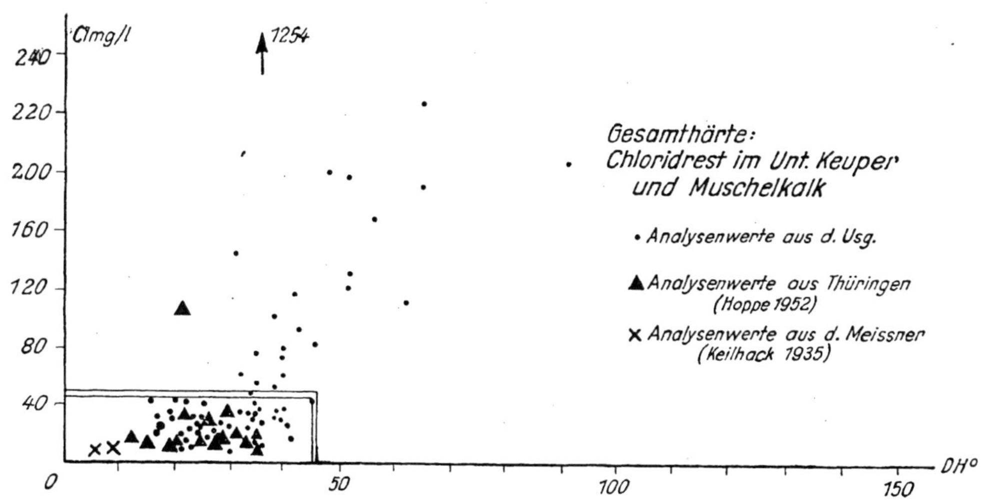

Abb. 8

den. Die Zugehörigkeit der Brunnen zu dem jeweiligen Horizont ist durch den Vergleich mit Brunnen, die in der Nähe liegen und deren Schichtenfolge bekannt ist, bestimmt worden.

Analysenwerte aus Thüringen [40] und aus der Gegend des Hohen Meißners [53] sind denen des Untersuchungsgebietes gegenübergestellt worden.

Da zum Teil nur Kurzanalysen zur Verfügung stehen, sind nur die Gesamthärte und der Chloridrest zur Beurteilung benutzt worden. Im folgenden sind alle Analysenwerte, getrennt nach Formationen, in einem Koordinatennetz aufgetragen worden, dessen Abszisse die Gesamthärte in Deutschen Härtegraden und Ordinate der Chloridrest in Milligramm/Liter bilden (Abbildung 5—10).

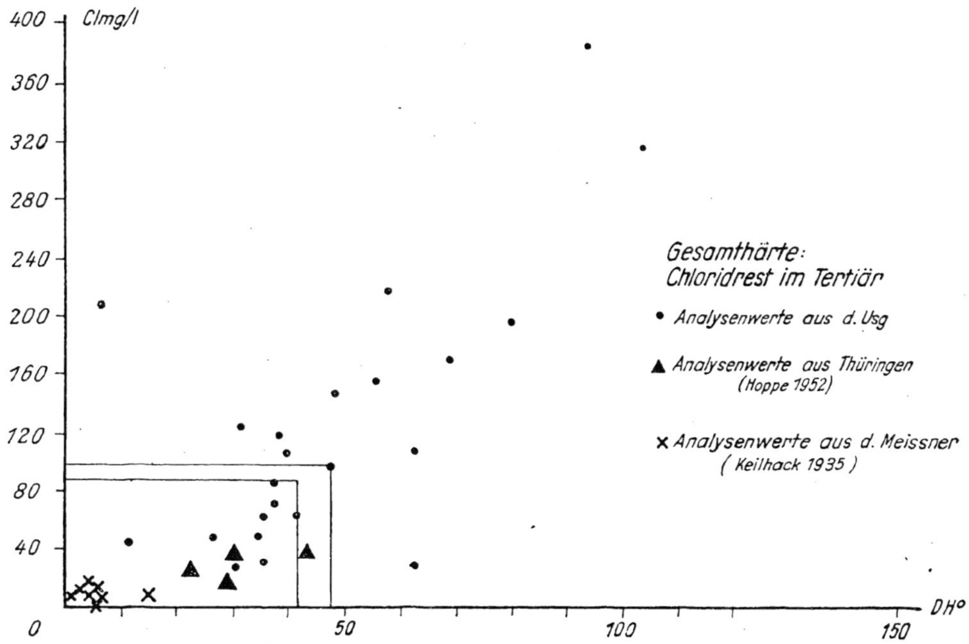

Abb. 9

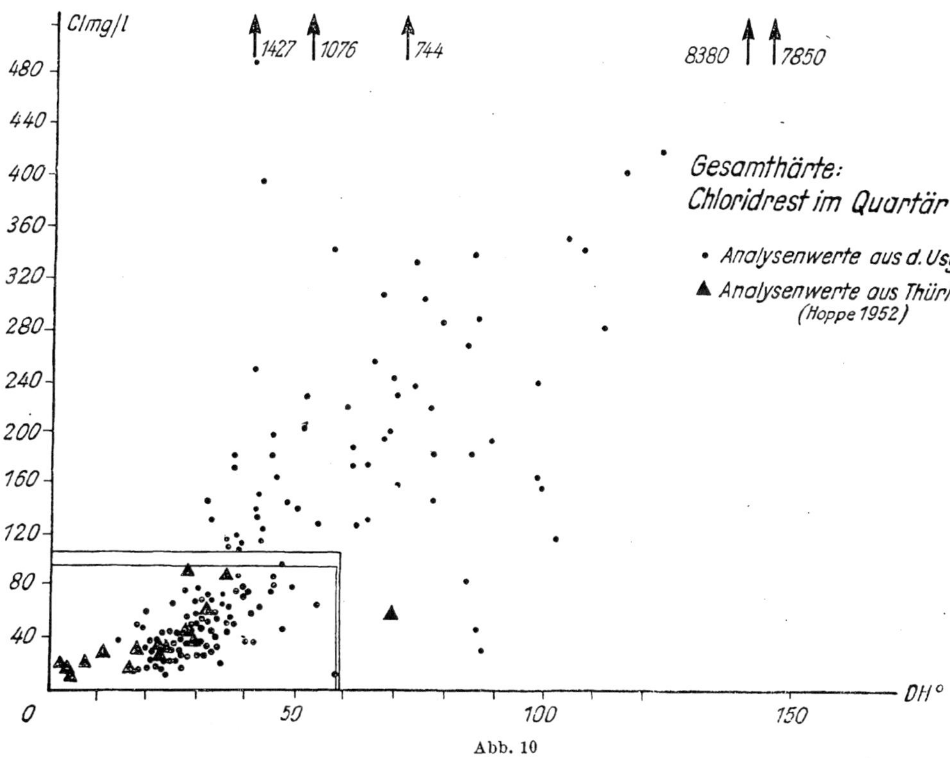

Abb. 10

Die Analysen häufen sich bei kleinen Härtegraden und kleinen Chloridresten, während bei Zunahme dieser Werte die Häufigkeit abnimmt.

Die Zahlenwerte der Grundwasseranalysen aus dem Untersuchungsgebiet sind größer als die aus Thüringen und vom Hohen Meißner.

Um zu einer Einstufung des chemischen Verhaltens des Grundwassers der geologischen Formationen zu gelangen, ist unterschieden worden zwischen unbeeinflußtem, der geologischen Formation entsprechendem Grundwasser und beeinflußtem Grundwasser, das durch Wasser aus anderen geologischen Formationen oder von Übertage in seinem chemischen Bestand verändert worden ist.

Mindestens 50% der in das Gitternetz eingetragenen Analysenwerte eines geologischen Formationskomplexes, die große Flächendichte aufweisen, sind abgeteilt worden. Sie gelten als unbeeinflußt. Die Abgrenzung gegen beeinflußt wird dort gezogen, wo die Differenzen im Chemismus stärker werden.

Danach ergeben sich folgende Zusammenstellungen:

Formations-komplex	Schwankungsbereich der Gesamthärtegrade (DH°)		Chloridreste (mg/l)	
	von	bis	von	bis
a+d	14,3	143,8	11	8380
e	11,1	102,4	28	384
ku-mu	16,0	98,6	9	1254
so	20,0	306,1	16	36872
sm	5,8	91,1	6	610
su	12,4	471,5	2	9300

Die Abgrenzung zwischen dem unbeeinflußten und beeinflußten Grundwasser liegt bei:

Formations-komplex	Gesamthärtegrade (DH)		Chloridreste (mg/l)	
	von	bis	von	bis
a+d	59,0	59,3	98	111
e	41,4	47,0	86	99
ku-mu	44,5	44,9	45	48
so	105,1	108,4	136	151
sm	29,5	29,6	40	47
su	39,0	42,0	36	73

Vier Möglichkeiten können auftreten:

1. Gesamthärte und Chloridrest sind unbeeinflußt,
2. Gesamthärte ist beeinflußt,
3. Chloridrest ist beeinflußt,
4. Gesamthärte und Chloridrest sind beeinflußt.

Eine Karte des Untersuchungsgebietes (Anlage 9) enthält diese Eintragungen und zeigt, daß sich die unbeeinflußten Analysenwerte gleichmäßig über das Kartenblatt erstrecken. Demgegenüber treten die beeinflußten Analysenwerte teilweise an den Flüssen auf, so daß eine Beeinflussung von Übertage durch versickerndes Flußwasser angenommen werden muß. Ein anderer Teil der beeinflußten Wasser wird durch aus der Tiefe aufsteigende Salzwasser vom Oberen Buntsandstein her verändert sein, sofern der Obere Buntsandstein in der Gegend des Brunnens vorhanden ist, aus dem das Wasser für die Analyse entnommen worden ist. Fehlt der Obere Buntsandstein, so kann eine Beeinflussung von der Tiefe her nur aus dem Zechstein erfolgt sein.

Folgende Zahlen zeigen die unbeeinflußten und beeinflußten Wasser:

Formations-komplex	Anzahl der Analysen unbeeinflußt	beeinflußt von Übertage	beeinflußt aus z oder so	beeinflußt aus z	insgesamt
a+d	83	29	12	27	151
e	9	2	4	7	22
ku-mu	53	4	20	—	77
so	32	—	28	—	60
sm	59	11	—	22	92
su	8	1	—	8	17
insgesamt	244	47	64	64	419

Über die Hälfte der Analysen (über $^5/_8$) sind unbeeinflußt — wie es der oben gegebenen Abgrenzung entspricht. Verändert sind etwa $^1/_8$ von Übertage, etwa $^1/_8$ aus dem Zechstein der Gebiete, in denen der Obere Buntsandstein nicht vorhanden ist, und etwa $^1/_8$ durch Wasser aus dem Zechstein oder Oberen Buntsandstein.

Zieht man die Zahlenwerte der Chloridreste der Analysen heran, so zeigt sich, daß die Sole des Kösener Viktoriasprudels aus dem Oberen Buntsandstein 36872 mg Cl′ enthält [28]. Alle 64 Analysenwerte von Wassern, die vom Zechstein her beeinflußt worden sind, ergeben zusammen nur 33800 mg Cl′. Danach würde der Soleaufstieg einer einzigen Quelle der gleichen Chloridzusammensetzung wie der des Viktoriasprudels genügen, um die 64 Brunnen in dem angegebenen Maße zu verändern.

Die Wasser, die vom Zechstein oder Oberen Buntsandstein beeinflußt worden sind, würden schon von einer Quelle, die nur den vierten Teil des Viktoriasprudels an Chlorid liefert, verändert. In diesen letzten Analysen von Wassern, die aus dem Zechstein oder Oberen Buntsandstein beeinflußt worden sind, kann die Veränderung durchaus nur aus dem Oberen Buntsandstein bestritten werden, da erwiesen ist, daß hochprozentige Sole im Oberen Buntsandstein vorhanden ist.

Folglich reicht im gesamten Untersuchungsgebiet für den Aufstieg von Sole aus dem Zechstein eine einzige Quelle der Güte des Viktoriasprudels aus. Das bedeutet, daß der Abschluß des Untersuchungsgebietes nach der Tiefe hin fast vollständig ist.

Als Beispiel für harte, kochsalzführende Wasser im Oberen Buntsandstein dient die Brunnenbohrung Leonhardt I/1936 im Geiseltal [27]. Sie hat im Oberen Buntsandstein Wasser mit sehr hohen Härtegraden (über 100° DH) und große Chloridreste (über 400mg/l) ergeben. Diese Werte haben bei Wassern aus dem tieferliegenden Mittleren Buntsandstein, nachdem die Wasser aus dem Oberen Buntsandstein abgedichtet worden waren, nur bei 20° DH und 20 mg/l gelegen. Dieses zeigt deutlich, daß die Beeinflussung vom Oberen Buntsandstein ausgehen kann.

Kochsalz- und Solquellen und Brunnen aus dem Oberen Buntsandstein und Zechstein [28] sind die Grundlage für den Kurbetrieb in Bad Kösen. Die Quellen und Bohrungen in der Störungszone der Finne bei Bad Sulza [70] sowie die Quellen bei Poserna östlich von Weißenfels fördern Sole aus dem Zechstein.

Die Quellen anderer Bäder des Untersuchungsgebietes von Bad Bibra, Bad Lauchstädt und Rastenberg sind nach Keilhack [53] als einfache, kalte Quellen zu bezeichnen. Sie zeigen gleichbleibende, die mittlere Jahrestemperatur des Ortes übersteigende, aber 20° C nicht überschreitende Temperatur. Ihre chemische Zusammensetzung ist gleichbleibend, arm an freiem Kohlendioxyd und an gelösten Bestandteilen (weniger als 1 g/kg). Wenn auch diese Wasser als Eisenquellen bekannt sind, so liegen ihre Gehalte an Eisen unter der Grenze von 10 mg/kg. Nach der Mineralquelleneinteilung müssen sie als einfache, kalte Quellen bezeichnet werden.

Mit Hilfe des chemischen Verhaltens des Grundwassers tektonische Linien konstruieren zu wollen, dürfte aus mehreren Gründen noch nicht möglich sein. Dazu sind die Analysen räumlich und zeitlich — im Jahreslauf — zu spärlich, und außerdem können die Salzwasser horizontal wandern, so daß keine Gewähr für eine genaue Festlegung der Störungen gegeben wäre.

Die Beeinflussung von $^1/_8$ der Analysen von Übertage her weist auf Einspeisung der Flüsse in das Grundwasser hin, ein Faktor, der bei der Wasserhaushaltsgleichung berücksichtigt werden wird (Seite 26). Die Beeinflussung von nur $^1/_8$ der Analysen durch Zechsteinsalze zeigt, daß der Untere Buntsandstein das Untersuchungsgebiet hydrologisch abschließt und die Wasserzirkulation unbedeutend ist. Die Chloridreste sind nur wenig erhöht mit Ausnahme der Solquellen, so daß hochprozentige Solezufuhr und damit ein Wasserzutritt aus dem Zechstein zum Untersuchungsgebiet gering ist.

IV. Wasserhaushalt und Wasservorrat

1. Begriffe und Grundlagen

Nachdem in dem vorhergegangenen Abschnitte die hydrogeologischen Verhältnisse dargestellt worden sind, kann die Hauptaufgabe der Arbeit, die quantitative Erfassung des Wasserhaushaltes und des Wasservorrates in Angriff genommen werden.

Der Wasserhaushalt eines Gebietes kann durch die Wasserhaushaltsgleichung erfaßt werden. Sie ist definiert als

$$\text{Niederschlag} = \text{Abfluß} + \text{Verdunstung}$$

$$N = A + V$$

Diese Gleichung ist in großen Zeiträumen erfüllt, wenn sich jahreszeitliche Schwankungen ausgeglichen haben. Vor allem müssen natürliche Verhältnisse vorliegen, und es darf kein juveniles Wasser hinzutreten. Es scheint, als seien in der Gleichung nur Vorgänge enthalten, die sich an der Erdoberfläche abspielen. Der Abfluß setzt sich aber zusammen aus unmittelbarem, oberflächlichem Abfluß (A_O) aus den gefallenen Niederschlägen und aus Abfluß (A_Q), der aus dem Grundwasser, das vorher versickerte, stammt, d. h. der in Quellen zutage tritt.

In ähnlicher Weise gliedert sich die Verdunstung. Auch sie setzt sich teilweise aus unmittelbarer, oberflächlicher Verdunstung (V_O) zusammen und zum anderen Teil aus versickertem, von den Pflanzen wieder gehobenem und verdunstetem bzw. transpiriertem Wasser (V_{Pf}). Die für die Pflanzenverdunstung versickernden Wassermengen werden aber zumeist in den obersten Teilen des Erdbodens zurückgehalten, ohne in das eigentliche Grundwasser zu gelangen, und stehen so der Vegetation zur Verfügung.

Es muß danach in langen Zeiträumen bei der Wasserhaushaltsgleichung $N = A + V$ die Versickerung oder Filtration (F) aus den Niederschlägen mindestens so groß sein, daß die Quellschüttung und die Verdunstung aus dem Erdboden — durch Pflanzen — gedeckt wird.

Die Wasserhaushaltsgleichung erweitert sich auf:

$$N = A_O + A_Q + V_O + V_{Pf}$$

In kürzeren Zeitspannen machen sich Schwankungen bemerkbar, die in die Wasserhaushaltsgleichung durch den Ausdruck „Rücklage minus Verbrauch aus der Rücklage" (R—B) eingehen. Es findet also zu gewissen Zeiten erhöhte Versickerung in den Untergrund statt, die sich durch einen Anstieg des Grundwasserspiegels kundtut. Diese Wasser werden zu Zeiten geringerer Niederschläge wieder aufgebraucht zu Gunsten von Abfluß und Verdunstung.

Die Wasserhaushaltsgleichung bezieht sich zunächst nur auf natürliche Verhältnisse; für diese soll der Ausdruck „Großer Wasserkreislauf" benutzt werden.

Die natürlichen Verhältnisse werden aber gestört bzw. verändert durch die künstlichen Eingriffe, die Wasserhebung der Einzelbrunnen und der zentralen Versorgungsanlagen sowie die Grubenwasserhaltung des Bergbaues. Die künstlichen Eingriffe fügen zu dem Großen Kreislauf einen „Kleinen Kreislauf" hinzu.

Die gehobenen Wasser (H) beeinflussen die Rücklage, die bei ausgeglichenem Wasserhaushalt durch eine gleichgroße Versickerung aufgefüllt werden muß. Der Abfluß wird durch die abfließenden gehobenen Wassermengen (A_h) verändert. Durch Verregnung wird die Verdunstung (V_h) beeinflußt. Ein Teil der gehobenen Wasser versickert wieder.

Man müßte annehmen, daß der Gesamtabfluß durch die Wasserhebung vergrößert wird. Er bleibt aber konstant, da bei Zunahme der Wasserförderung die natürliche Quellschüttung nachläßt.

Der langfristige Gesamtwasserhaushalt des Großen Kreislaufes unter Einbeziehung des Kleinen Kreislaufes (Abbildung 11) ergibt

$$N = A_O + A_Q + A_h + V_O + V_{Pf} + V_h$$

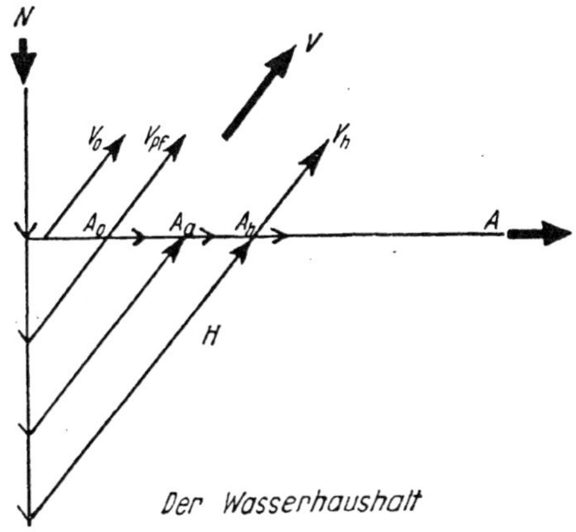

Abb. 11

Weitere kleinere Kreisläufe – wie sie bei der Wasserhebung angedeutet worden sind, – schließen sich an; denn z. B. wird das aus den Quellen abfließende Wasser z. T. auch verdunsten oder wieder versickern, das versickernde Wasser wird sich beim Wieder-zutage-Treten abermals teilen usf.

Neben diesem ständig schwankenden, in langen Zeiträumen jedoch gleichbleibenden Wasserhaushalt bleibt tiefer im Untergrund ein gewisser Grundwasserbestand erhalten. Er zeigt sich je nach den hydrogeologischen Verhältnissen in verschiedenen Grundwasserstockwerken, die jeweils durch grundwassertrennende Horizonte abgeschlossen sein können. Innerhalb eines jeden Stockwerkes stellt sich der Grundwasserspiegel ein. Er weist jahreszeitliche Schwankungen auf je nach seiner Lage in bezug auf die Geländeoberfläche oder kann gespannt sein.

Behandelt der Wasserhaushalt den veränderlichen Bestand, so umfaßt der Vorrat den bleibenden Bestand des Wassers.

Beim Oberflächenwasser kann dieser bleibende Bestand sich zusammensetzen aus abflußlosen Wasserstellen wie Seen, Teichen, Tümpeln, toten Flußarmen und aufgelassenen Tagebauen und Steinbrüchen.

Für praktische Belange würde die Berechnung des unterirdischen Gesamtwasservorrates keine Bedeutung haben. Nur das Wasser ist für die Praxis wichtig, das aus dem Untergrund entnommen werden kann, das nutzbare Grundwasser. Es fließt frei beweglich einem Brunnen zu und kann aus diesem gehoben werden, während das übrige Wasser beständig im Untergrund verbleibt.

2. *Unbeeinflußter Wasserhaushalt (Großer Kreislauf)*

Für den Wasserhaushalt des Untersuchungsgebietes sollen zunächst die einzelnen Komponenten berechnet werden.

Als langjähriger, ausgeglichener Wasserhaushalt ist definiert:

$$N = A + V$$

Als Unterlage für die Mengenberechnung aus dem N i e d e r s c h l a g sind die 40jährigen Mittel der zahlreichen Niederschlagsmeßstellen im Untersuchungsgebiet herangezogen worden. Die Gebiete der Niederschlagsbereiche sind in Abständen von 25 mm zu 25 mm einzeln mit dem Planimeter ausgemessen worden und zwar gesondert für den

Jahresniederschlag von 425—600 mm (Anlage 10)

Winterniederschlag von 150—225 mm (Anlage 11)

Sommerniederschlag von 250—375 mm (Anlage 12)

Die Niederschläge teilen sich auf die Flußgebiete in folgender Weise auf:

Flußgebiet	Anteil d. Ueg. km²	Mill. m³ Jahr	Niederschlag mm Jahr	Winter	Sommer
Saale (Rothenstein-Stöben)	29	16	538	206	332
Saale (Stöben-Grochlitz)	106	58	538	203	335
Unstrut (Nägelstedt-Oldisleben)	34	19	559	207	352
Unstrut (Oldisleben-Laucha)	273	143	524	198	326
Unstrut (Laucha-Mündung)	134	70	522	194	328
Saale (Unterhalb Unstrut-Mündung)	1024	529	517	191	326
Untersuchungsgebiet insgesamt	1600	835	522	194	328

Hiernach fallen Jahresniederschläge in Höhe von 522 mm/m² = 835 Mill. m³ auf das Untersuchungsgebiet von 1600 km²; daran sind der Winterniederschlag von November bis April mit 194 mm (37 %) und der Sommerniederschlag vom Mai bis Oktober mit 328 mm (63 %) beteiligt.

Im Vergleich zeigen die Ergebnisse der Forschungsstelle für wasserwirtschaftliche Rahmenplanung [47, 48] einen Jahresniederschlag von 590 mm für das Flußgebiet der „Saale unterhalb der Unstrut bis zur Mündung“, dem das Untersuchungsgebiet zum größten Teil angehört. Dieser höhere Betrag ergibt sich aus dem weit größeren Einzugsgebiet, das nicht mehr in dem Maße dem Regenschatten des Harzes angehört wie das Untersuchungsgebiet.

Der Abfluß wird normalerweise an Abflußmeßstellen gemessen. Um den Abfluß aus einem bestimmten Gebiet zu ermitteln, müßte es von derartigen Meßstellen eingeschlossen sein. Dann könnte das in das Gebiet einströmende Wasser gemessen und von den Wassermengen, die flußabwärts aus dem Gebiet ausfließen, abgezogen werden, um den Abfluß aus dem Untersuchungsgebiet zu erhalten.

Flußgebiet	N mm	Flußgebiet Einzugsgebiet km²	A Spende l/s/km²	A Mill. m³/Jahr
Saale (Rothenstein-Stöben)	610	619	3,4	3
Saale (Stöben-Grochlitz)	564	218	3,2	11
Unstrut (Nägelstedt-Oldisleben)	546	2592	2,6	3
Unstrut (Oldisleben-Laucha)	526	1154	2,1	18
Unstrut (Laucha-Mündung)	556	134	3,0	13
Saale (Unterhalb Unstrut-Mündung)	590	12672	3,4	110
Insgesamt	578		3,1	158

Derartige Meßstellen sind im Untersuchungsgebiet leider nicht in ausreichendem Maße vorhanden. Vor allem fehlt eine Meßstelle am Ausfluß der Saale aus dem Untersuchungsgebiet im Norden.

An den Pegelstationen Stöben bei Camburg und Grochlitz—Naumburg (Saale) sowie Oldisleben und Laucha (Unstrut) werden erst seit einigen Jahren Abflußmessungen durchgeführt, so daß noch keine längeren Beobachtungsreihen vorliegen (Anlage 4).

Für die einzelnen Flußgebiete und Teilgebiete sind Abflußspenden in l/s/km² veröffentlicht worden [43, 47]. Die Abflußspende bezieht sich auf das betreffende Einzugsgebiet und den entsprechenden Niederschlag; da das Untersuchungsgebiet nur mit Teilstücken an den einzelnen Flußgebieten beteiligt ist, würde die Benutzung der Zahlenwerte zu hohe Werte ergeben.

Niederschlag und Abflußspende der Flußgebiete sind mit denen des Untersuchungsgebietes in Beziehung gesetzt worden. In der Gleichung Niederschlag des Flußgebietes zu Niederschlag des Untersuchungsgebietes wie Abflußspende des Flußgebietes zu Abflußspende des Untersuchungsgebietes ist nur die Abflußspende des Untersuchungsgebietes unbekannt. Sie läßt sich daher errechnen. Durch Multiplikation der Abflußspende mit der Fläche des Untersuchungsgebietes und Berechnung auf ein Jahr ist der Jahresabfluß bestimmt worden.

Flußgebiet	N	Untersuchungsgebiet Anteil d. Usg.	A Spende	A
	mm	km²	l/s/km²	Mill. m³/Jahr
Saale (Rothenstein-Stöben)	538	29	3,0	3
Saale (Stöben-Grochlitz)	538	106	3,1	10
Unstrut (Nägelstedt-Oldisleben)	559	34	2,7	3
Unstrut (Oldisleben-Laucha)	524	273	2,1	18
Unstrut (Laucha-Mündung)	522	134	2,8	12
Saale (Unterhalb Unstrut-Mündung)	517	1024	3,0	97
Insgesamt	522	1600	2,8	143

Die Abflußspende — errechnet nach den Flußgebieten — würde von 2,1—3,4 l/s/km² schwanken und im Mittel 3,1 l/s/km² betragen und einem Abfluß von 99 mm = 158 Mill. m³/Jahr entsprechen.

Dagegen sind im Untersuchungsgebiet gemäß der geringeren Niederschläge die Abflußspenden kleiner und damit auch der Abfluß. Die Abflußspende schwankt von 2,1–3,1 l/s/km². Bei einer durchschnittlichen Abflußspende von 2,8 l/s/km² fließen aus dem Untersuchungsgebiet von 1600 km² 89 mm = 143 Mill. m³/Jahr ab.

Insgesamt sind die Abflüsse und damit die Abflußspenden im Mitteldeutschen Raum und speziell im Untersuchungsgebiet durch die geographische Lage im niederschlagsarmen Gebiet im Regenschatten des Harzes sehr gering. Im Vergleich dazu liegt die durchschnittliche Abflußspende von 48 deutschen Flüssen, die von 3,6—38,1 l/s/km² schwankt, bei 12,1 l/s/km². Alle Flüsse zeigen das gleiche Bild: Abnahme der Abflußspende bei Zunahme des Einzugsgebietes und der Abflußmengen. Ausgenommen sind höhere Zuflüsse aus größeren Seitenflüssen, denn durch sie wird die gleichmäßige Abnahme der Abflußspende unterbrochen.

Die Berechnung des Abflusses aus dem Untersuchungsgebiet mit Hilfe der oben errechneten Zahlen für die Abflußspende liefert daher den geringen Abflüssen des Untersuchungsgebietes entsprechende Werte.

Es sollen nun dieser Berechnung Formeln gegenübergestellt werden, die empirisch aus dem Niederschlag entwickelt worden sind. Bei diesen entsprechen die griechischen Buchstaben Zahlenwerten für das jeweilige Abflußvermögen des Gebietes. Die Zahlen sind für das Untersuchungsgebiet nicht bekannt. Die Formeln können nur für durchschnittliches Abflußvermögen angewendet werden, da in diesem Fall die Zahlen gleich Null werden. Die Formeln lauten:

1. Die bekannte Formel von KELLER—FISCHER

$$\bar{A} = (94 + \gamma)\frac{\bar{N}}{100} - (405 - 9\gamma)$$

2. Die Korrelationsgleichung mit der Methode der kleinsten Quadrate mit linearer Angleichung [48].

$$\overline{A} = 0.61\,\overline{N} - (225 + \delta)$$

3. Die Korrelationsgleichung mit Ausgleichsparabeln [48].

$$\overline{A} = (15{,}5 + \varepsilon) - 0{,}0736\,\overline{N} + 0{,}000466\,N^2$$

Der Abfluß des gesamten Untersuchungsgebietes ist nach der

1. Gleichung 86 mm
2. Gleichung 93 mm
3. Gleichung 104 mm

bei durchschnittlichem Abflußvermögen (γ, δ, $\varepsilon = 0$). Beim Abweichen des Abflusses vom durchschnittlichen Abflußvermögen sind Korrekturen anzubringen.

Im Untersuchungsgebiet ist weder bekannt, ob durchschnittliches Abflußvermögen vorliegt, noch in welcher Größe die Korrekturen vorgenommen werden müßten. Es wäre falsch, von diesen Formeln auszugehen, da ja die Wasserhaushaltsgleichung an Hand eines gut abgegrenzten Gebietes in ihren einzelnen Faktoren bestimmt werden soll. Außerdem bringt die Berechnung des Abflusses aus der Abflußspende der Teilgebiete genauere Werte als das Ergebnis einer Formel, in der Korrekturen vorgenommen werden müssen.

Für die weitere Betrachtung soll der aus der Abflußspende errechnete Abflußwert (89 mm) zu Grunde gelegt werden, da er größere Genauigkeit enthält.

Die Verdunstung ist der in der Wasserhaushaltsgleichung am schwierigsten zu erfassende Wert. Jedoch ist sie durch die Differenz von Niederschlag und Abfluß bekannt und beträgt 433 mm.

In der gleichen Weise wie für den Abfluß sind auch Formeln zur Berechnung der Verdunstung entwickelt worden (KELLER—FISCHER, KALWEIT—KIRSTEN), nach denen die Verdunstung 436, 429 bzw. 418 mm entsprechen würde. Diesen errechneten Verdunstungswerten sollen nun die durch Lysimetermessungen gewonnenen Zahlenwerte für Verdunstung bzw. Transpiration gegenübergestellt werden [47, 56, 77, 110].

Da die Landesverdunstung sich durchschnittlich zusammensetzt aus

300 mm Transpiration und
150 mm Oberflächenverdunstung [110],

sind, sofern nur Transpirationswerte vorgelegen haben, diese um 50% erhöht worden, um die Gesamtverdunstung zu erhalten.

Innerhalb der Verdunstungsgruppen sind Durchschnittswerte ermittelt worden in folgender Weise:

Verdunstungsgruppe	Anzahl d. Werte	Verdunstung (mm) von	bis	Mittel
1. a) Getreide	8	160	427	318
b) Hackfrüchte	4	253	1750	699
2. Wiese, Weide	9	300	706	415
3. a) Forst-Gehölz	10	210	550	347
b) Waldboden	2	63	159	111
4. Unland	5	178	409	238

Die Bodenfläche des Untersuchungsgebietes gliedert sich auf:

1. Acker-, Garten-, Kleingartenland und Flächen landwirtschaftlicher Kleinbetriebe
   a) Getreideflächen
   b) Hackfruchtflächen
2. Wiesen und Weiden
3. Forst
4. Landwirtschaftlich nicht genutztes Gebiet, Unland, bebautes Gelände.

Die Flächenangaben für die Kreisgebiete sind entnommen aus der Statistik des Deutschen Reiches [96]. Der Flächenanteil der Kreisgebiete am Untersuchungsgebiet ist ausplanimetriert.

Die Verdunstung ist durch Multiplikation der Verdunstungswerte mit den Zahlenwerten der Fläche und durch Berechnung auf Kubikmeter im Jahre ermittelt worden.

Die Flächen- und Verdunstungsberechnung weist im Untersuchungsgebiet folgende Werte auf:

Verdunstungsgruppe	Fläche km²	Verdunstung mm	Mill. m³/Jahr
1. a) Getreide	908,2	318	288,8
b) Hackfrüchte	302,7	699	211,6
2. Wiese, Weide	74,7	415	31,0
3. a) Forst-Gehölz	105,8	347	36,7
b) Waldboden	(105,8)	111	11,8
4. Unland	208,6	238	49,6
Insgesamt	1600,0	394	629,5

Aus den Lysimetermessungen ergibt sich also eine Verdunstung von 394 mm = 629,5 Mill. m³/Jahr. Diese Zahl ist um 39 mm (etwa 10%) kleiner als der mit Hilfe des Abflusses aus der Wasserhaushaltsgleichung errechnete Wert. Der Fehler ist in den Lysimetermessungen selbst bzw. in der Mittelwertbildung zu suchen, denn der Schwankungsbereich vom kleinsten zum größten Wert ist bei allen Verdunstungsgruppen über 100%, bei Hackfrüchten sogar fast bei 600%, so daß sich daraus der kleine Fehler von 10% leicht erklären läßt. Beim Ansteigen des Abflusses würde der Fehler geringer werden, da dann der Anteil der Verdunstung kleiner würde.

Die Verdunstung ist schwierig zu erfassen; der berechnete Wert weicht nur um 10% von dem, der sich aus der Gleichung V = N − A ergibt, ab. Er liefert also einen befriedigenden Kontrollwert.

Die Wasserhaushaltsgleichung des Großen Wasserkreislaufes lautet also

$$N = A + V$$
$$522\text{ m} = 89\text{ mm} + 433\text{ mm}$$

Der Abfluß teilt sich unter den natürlichen Verhältnissen auf in A_O und A_Q.

Die Quellen sind natürliche Grundwasseraustritte und bilden einen Teil des Abflusses. Zumeist treten im Untersuchungsgebiet Schichtquellen auf, vereinzelt Verwerfungs-, Kluft- und Spaltenquellen. Nur wenige, recht lückenhafte Quellschüttungsmessungen liegen aus dem Untersuchungsgebiet vor.

Quellschüttungen

Formation		Anzahl der Quellen	Schüttung (l/sec) von	bis	Mittel
d		4	0,16	0,50	0,28
ku		1	—	2,10	2,10
mo		2	0,08	0,17	0,12
mu		1	—	1,00	1,00
sm	Va	2	0,80	6,10	3,45
	IVb	1	—	0,10	0,10
	IVa	4	0,17	1,70	0,68
	IIIb	2	0,15	0,50	0,32
	IIIa	2	1,30	2,50	1,90
		19	0,08	6,10	0,98

Danach schwankt die Schüttung der 19 Quellen aus den verschiedenen Horizonten und Formationen von 0,08 l/sec bis 6,10 l/sec. Der Durchschnitt ergibt 0,98 l/sec.

Aus der Schmücke, der Hohen Schrecke und Finne sind 147 Quellen beschrieben worden [93], von denen etwa 100 im Untersuchungsgebiet liegen, ebenfalls mit einer durchschnittlichen Quellschüttung von 1 l/sec. Der Flächenanteil dieses Gebietes am gesamten Untersuchungsgebiet beläuft sich auf etwa ein Sechstel.

Die genaue Anzahl der Quellen des Untersuchungsgebietes ist nicht bekannt. Vor allem fehlt eine größere Anzahl von Quellschüttungsmessungen. Überträgt man die oben gemachten Angaben der 100 Quellen, die auf einer Fläche von einem Sechstel des gesamten Untersuchungsgebietes liegen, mit einer Schüttung von durchschnittlich 1 l/sec auf das Untersuchungsgebiet, so ergeben die 600 Quellen insgesamt 18,922 Mill. m^3/Jahr = 12 mm/m^2.

Die Anzahl der Quellen ist vermutlich nicht zu hoch gegriffen — zumindest in Verbindung mit der Quellschüttung von 1 l/sec. So dürfte der Abfluß von 12 mm für die Quellschüttung wohl den natürlichen Verhältnissen nahekommen.

Die Quellenschüttung könnte auch aus der kleinsten Niedrigwasserführung berechnet werden. Diese wird für das Jahr 1934 mit 55 mm angegeben [48] für das Gebiet „Unstrut an der Mündung“ und „Saale unterhalb Unstrut bis zur Mündung“. Vermindert man diesen Betrag um 19 mm Abwasser — das im folgenden Abschnitt behandelt wird —, so müßte sich die Quellschüttung ergeben (36 mm), wenn zu dieser Zeit alle abfließenden Wasser aus Quellen austreten würden. Der Oberflächenwasseranteil wird aber doch erheblich sein, da ja die Hauptniederschläge im Sommer fallen und vorwiegend verdunsten und abfließen. Auch 1934 fielen ⅔ der Jahresniederschläge im Sommer und bildeten keinen Minimalwert. Niedrigwasserführung braucht danach nicht verbunden zu sein mit sommerlicher Dürre, sondern ist abhängig von der Einspeisung von Wasser in den Untergrund während des Winterhalbjahres.

Außerdem speisen die Gewässer bei Hochwasser größere, nicht zu erfassende Wassermengen in den Untergrund ein, die bei Niedrigwasserführung wieder in das offene Gewässer ohne sichtbare Quellaustritte übergehen können. So ist die Berechnung der Quellschüttung aus der Niedrigwasserführung mit schwer zu kontrollierenden Faktoren behaftet.

Die Differenz zwischen den 36 mm Quellschüttung aus der Niedrigwasserführung und den errechneten 12 mm Quellschüttung wird sich aus dem direkten Oberflächenabfluß der Sommerniederschläge und dem wieder in den Fluß übergehenden Grundwasser, das bei Hochwasser eingespeist worden war, zusammensetzen.

In der Wasserhaushaltsgleichung teilt sich die Gesamtverdunstung auf in Oberflächenverdunstung und Transpiration der Pflanzen, die — wie es auf Seite 24 beschrieben ist — ⅓ und ⅔ der Gesamtverdunstung ausmachen, also 433 mm = 144 mm + 289 mm.

Die Wasserhaushaltsgleichung gliedert sich also jetzt in

$$N = A_O + A_Q + V_O + V_{Pf}$$
$$522 = 77 + 12 + 144 + 289$$

3. Beeinflußter Wasserhaushalt (Kleiner Kreislauf)

Die Wasserhebung aus dem Untergrund mittels Brunnen stellt die künstlichen Eingriffe in den Wasserhaushalt dar und erfordert eine weitere Aufgliederung der Wasserhaushaltsgleichung.

Um die Gesamtwasserhebung des Untersuchungsgebietes zu erhalten, genügt es nicht, die zentralen Wasserversorgungsanlagen allein zu berücksichtigen, da ein großer Teil des Gebietes aus Einzelbrunnen versorgt wird. Neben der Förderung aus den zentralen Wasserversorgungsanlagen für Bevölkerung und Industrie muß die Wasserhebung aus den Einzelbrunnen ermittelt werden.

Die Feststellung der Hebung aus Einzelbrunnen durch Einzelmessungen ist jedoch bei etwa 450 Ortschaften des Untersuchungsgebietes nicht immer möglich, so daß die Werte durch Pauschalbeträge ermittelt worden sind.

Zu diesem Zwecke ist die aus dem Untersuchungsgebiet versorgte Gesamtbevölkerung nach statistischen Erhebungen des Jahres 1946 berechnet und von dieser Zahl die durch zentrale Wasserversorgungsanlagen des Untersuchungsgebietes belieferte Bevölkerung (zumeist nach dem Stande von 1949) abgezogen worden. Daraus ergibt sich die Bevölkerungszahl, die aus Einzelbrunnen das Wasser schöpft.

Es werden versorgt:

219 343 Einwohner des Untersuchungsgebietes zentral
105 424 Einwohner des Untersuchungsgebietes einzeln
31 060 Einwohner außerhalb des Untersuchungsgebietes aus zentralen Wasserversorgungsanlagen des Untersuchungsgebietes

---

355 827 Einwohner aus dem Untersuchungsgebiet

Einerseits liefern einige zentrale Wasserversorgungsanlagen in mehrere Ortschaften Wasser. Andererseits werden Ortschaften, die aus mehreren von einander getrennten Ortsteilen bestehen, teils zentral, teils einzeln versorgt. Daher ist eine genaue Aufgliederung der Einwohner nicht immer möglich gewesen.

Verwickelt sind auch die Verhältnisse, wenn z. B. das Wasserwerk Stedten nicht den Ort Stedten beliefert, sondern andere, wie z. B. Erdeborn, Stedten aber sein Trinkwasser aus dem Gruppenwasserwerk Esperstedt erhält.

Zur Feststellung des Wasserverbrauches für Groß- und Kleinvieh ist in ähnlicher Weise verfahren worden. Der Gesamtviehbestand (nach der Viehzählung vom Juni 1952) vermindert um den Bestand, der durch zentrale Wasserversorgungsanlagen beliefert wird, ergibt das aus Einzelbrunnen versorgte Vieh.

Es werden danach im Untersuchungsgebiet

zentral versorgt 34 065 Großvieh 111 506 Kleinvieh
einzeln versorgt 47 932 Großvieh 144 435 Kleinvieh

---

insgesamt 81 997 Großvieh 255 941 Kleinvieh.

Bezüglich der Aufteilung des aus zentralen Wasserversorgungsanlagen oder aus Einzelbrunnen versorgten Viehbestandes kann das oben für die Bevölkerung Gesagte wiederholt werden, daß es nicht immer möglich war, diese genau durchzuführen. Das Viehtränken aus Oberflächenwasser konnte bei der Berechnung nicht berücksichtigt werden.

Der Viehbestand der außerhalb des Untersuchungsgebietes gelegenen Orte, die aus zentralen Versorgungsanlagen des Untersuchungsgebietes mit versorgt werden, konnte nicht ermittelt werden, wird aber nicht erheblich sein, da es größere Orte sind, in denen die Viehhaltung gering ist.

Die Wasserhebung aller im Untersuchungsgebiet betriebenen 155 zentralen Versorgungsanlagen für Bewohner und Vieh der Ortschaften sowie der Industrie ist einzeln ermittelt worden. Dabei haben sich als Durchschnittswerte bei den Förderungen für die Ortschaften 18 l bis 240 l je Einwohner und Tag ergeben. Der Gesamtdurchschnitt der zentralen Versorgungsanlagen errechnet sich zu 100 l je Einwohner und Tag. Die sehr kleine Durchschnittszahl von 18 l betrifft Orte auf der Muschelkalkhochfläche und zeugt von großer Wasserknappheit in ihnen.

Für die Einzelversorgungen sind Pauschalbeträge nach den Angaben der neueren Literatur eingesetzt worden und zwar 80 l je Einwohner und Tag sowie für Großvieh 50 l/Tag und für Kleinvieh 20 l/Tag

Die Wasserförderung der Industrie — sofern sie nicht aus zentralen Versorgungsanlagen der Ortschaften beliefert wird — gliedert sich folgendermaßen, wie die Einzelaufnahme ergeben hat:

	Mill. m³/Jahr
Brau- und Brennereien	0,514
Braunkohlenwerke	1,455
Gärtnereien und Samenzuchtbetriebe	0,049
Heilbäder und -quellen	0,370
Kaliwerke	0,570
Konservenfabriken	0,293
Leimfabrik	0,482
Mineralölwerk	6,571
Molkereien	0,252
Reichsbahnbetriebe	0,229
Zementfabriken	0,494
Ziegeleien und Tonfabriken	0,040
Sonstige Betriebe	0,020
Sonstige Fabriken	0,025
Gesamtförderung der Industrie	11,364

Zur Gesamterhebung gehört auch die Wasserförderung der Braunkohlengruben. Diese Wasser werden entweder direkt oder erst nach Gebrauch und teilweisem Verbrauch in den Fabriken in die Vorfluter eingeleitet. Im Untersuchungsgebiet liegen drei noch in Förderung stehende Reviere: das Oberröblinger Revier südlich des ehemaligen Salzigen Sees, das Geiseltal und das Roßbacher Gebiet.

Die Förderung an Grundwasser beträgt in diesen Revieren — wie ebenfalls die Einzelaufnahme ergeben hat:

	m³/min	m³/Tag	Mill. m³/Jahr
Oberröblinger Revier	9,5	13.494	4,925
Geiseltal	23,4	33.739	12,315
Roßbacher Gebiet	1,3	1.872	0,683
Gesamtförderungen der Braunkohlengruben	34,2	49.105	17,923

Für das Untersuchungsgebiet ergeben sich Gesamtförderzahlen von:

m³/Tag	Mill. m³/Jahr	
27.226	10,516	aus Versorgungsanlagen für Ortschaften
8.434	3,079	aus Einzelförderungen für Menschen
5.286	1,929	aus Einzelförderungen für Tiere
31.298	11,364	aus Versorgungsanlagen für Industrie
49.105	17,923	aus Braunkohlengruben
121.349	44,811	Gesamtwasserförderung

Die Gesamtwasserhebung von 44,811 Mill. m³/Jahr aus dem Untersuchungsgebiet von 1600 km² entspricht einer Förderung von 28 mm/m².

In unmittelbarer Beziehung mit der Wasserhebung steht die Abwassereinleitung in die Gewässer.

Für das Geiseltalgebiet haben Einleitungsmessungen des Geiselwasserverbandes vorgelegen. Danach fließen 57% der gehobenen Wasser ab. Der Abwasseranteil der Molkereien, Brauereien und Konservenfabriken liegt mit 95%, 83% und 75% nach statistischen Erhebungen fest [47].

Für die übrige Industrie ist als geschätzte Menge 50 % angenommen worden, ähnlich der Industrie des Geiseltales.

Für die Abwasser aus den Gemeinden sind 80 % von der Hebung durch statistische Erfassung ermittelt worden [47].

	Hebung	Abwasser	
	Mill. m^3/Jahr		%
Industrie des Geiseltales	21,759	12,313	57
Oberröblinger Revier:			
Wasserhaltung	1,948	1,948	100
Betriebswasser	2,977	1,489	ca. 50
Molkereien	0,252	0,239	95
Brau- und Brennereien	0,514	0,427	83
Konservenfabriken	0,293	0,220	75
Übrige Industrie	1,543	0,772	ca. 50
Bevölkerung und Viehhaltung	15,525	12,420	80
Insgesamt	44,811	29,828	67

Insgesamt fließen 29,828 Mill. m^3/Jahr = 19 mm/m^2 im Untersuchungsgebiet als Abwasser in die Gewässer, das sind 67 % der Wasserhebung.

Die Gesamtwasserhebung des Untersuchungsgebietes von 28 mm/m^2 geht also teilweise — mit 19 mm/m^2 — als Abwasser in den oberflächlichen Abfluß der Wasserhaushaltsgleichung ein, denn auch die künstlichen Abflüsse aus der Wasserhebung, die Einleitung in die Gewässer, sind in der Gesamtabflußmessung mit enthalten. Andererseits muß der Rest der gehobenen Wasser (9 mm/m^2), der weder abfließt noch versickern kann, verdunstet sein (z. B. in den Kühltürmen der Industriewerke). Infolgedessen muß dieser Betrag von der Gesamtverdunstung abgezogen werden, so daß auch dadurch der Verdunstungsfehler, der sich bei der Berechnung nach den Lysimetermessungen ergab, kleiner wird.

Die weiter aufgegliederte Gleichung lautet:

$$N = A_O + A_Q + A_h + V_O + V_{Pf} + V_h$$
$$522 = 58 + 12 + 19 + 141 + 283 + 9$$

Die Frage ergibt sich nun, ob der Wasserhaushalt trotz der Wasserhebung ausgeglichen ist, oder ob durch die Hebung am Bestand gezehrt wird. Da ständiger Grundwasserschwund nicht festgestellt werden kann und zeitweiliger Grundwasserrückgang sich im Rahmen der normalen Grundwasserspiegelschwankungen bewegt, ist mit einem ausgeglichenen Wasserhaushalt im Untersuchungsgebiet zu rechnen.

4. Gesamtwasserhaushalt

Der Gesamtwasserhaushalt einschließlich künstlicher Einflüsse stellt sich folgendermaßen dar (Abbildung 12): Siehe Seite 30.

Die Wasserhaushaltsgleichung enthält folgende Zahlenwerte:

N	=	A				+			V		
N	=	A_O	+ A_Q	+	A_h	+	V_O	+	V_{Pf}	+	V_h
Mill. m^3						Mill. m^3					
835	=		143			+			692		
835	=	94 +	19	+	30	+	225	+	452	+	15
mm						mm					
522	=		89			+			433		
522	=	58 +	12	+	19	+	141	+	283	+	9
%						%					
100	=		17,1			+			82,9		
100	=	11,3 +	2,2 +		3,6 +		27,0 +		54,1 +		1.8

Wasserhaushalt im Untersuchungsgebiet in Millimetern · Maßstab 1:5

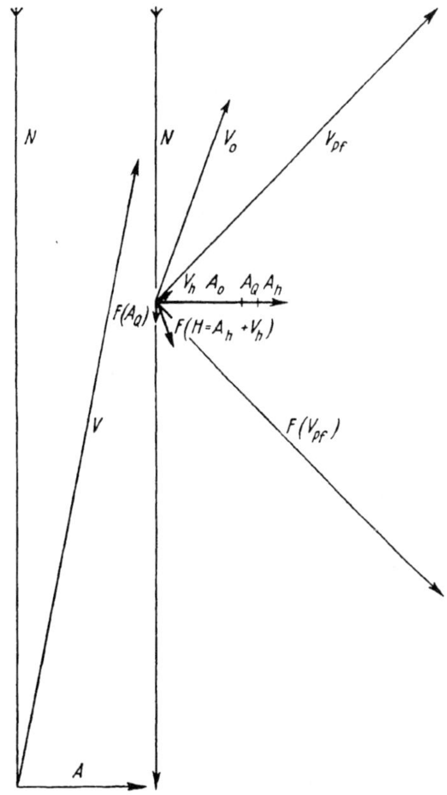

Abb. 12

Die Aufstellung zeigt, daß bei der derzeitigen Wasserhebung und einem ausgeglichenen Wasserhaushalt die langjährige Versickerung für die Wasserhebung 5,4 % betragen muß. Sie geht als Abfluß aus der Hebung ($A_h = 3{,}6\,\%$) und Verdunstung aus der Hebung ($V_h = 1{,}8\,\%$) in die Gleichung ein. Die Versickerung für die natürliche Quellschüttung ($F(A_Q) = 2{,}2\,\%$) erreicht mit der Versickerung für die Wasserhebung ($F(H = A_h + V_h) = 5{,}4\,\%$) das eigentliche Grundwasser und beträgt zusammen 7,6 %. Die jährliche Pflanzenverdunstung benötigt eine Versickerung von 54,1 %, die allerdings nicht das Grundwasser zu erreichen braucht.

Im allgemeinen werden als Versickerungswerte in weiten Grenzen schwankende Zahlen angegeben. So versickern nur 1,5 % des Niederschlages in Fichtenwaldboden, dagegen 83,2 % in reinem Sandboden [38, 53, 89]. Beim Übergang von den durch künstliche Beeinflussung veränderten zu natürlichen Verhältnissen würden sich die 5,4 % Versickerung für die Wasserhebung wohl aufteilen in die vier verbleibenden Komponenten Oberflächenabfluß und -verdunstung sowie Versickerung für Quellschüttung und Pflanzenverdunstung.

Die Versickerung in das Grundwasser ist bei ausgeglichenem Wasserhaushalt gleich dem Grundwasserabfluß ($A_Q + H$). Er entspricht bei 64 Mill. m^3/Jahr und einer Fläche von 1600 km^2 einer Grundwasserabflußspende von 1,27 l/s/km^2.

Zusammenfassend kann gesagt werden:

1. Von 100 % Niederschlag des Untersuchungsgebietes fließen nur 17,1 % ab, während 82,9 % verdunsten.

2. Von 100 % Niederschlag bleiben 38,3 % an der Oberfläche für oberflächlichen Abfluß und oberflächliche Verdunstung und 61,7 % versickern.
3. Von der Gesamtversickerung von 61,7 % dringen 7,6 % in das Grundwasser ein und 54,1 % bleiben in Oberflächennähe und werden von den Pflanzen genutzt.

5. *Vorratsberechnung*

Vorratsberechnungen von Lagerstätten sind nur bis zu einem gewissen Grade der Genauigkeit möglich. Besonders schwierig ist aber die Vorratsberechnung, wenn es sich um ein Vorkommen handelt, das beweglich ist und sich in seinen Mengen verändern kann. Zu diesem gehört das Grundwasser.

Günstig liegen die Verhältnisse zu dieser Berechnung in der Querfurt—Freyburg—Naumburger Muschelkalkmulde — dem Untersuchungsgebiet —, da hier das Grundwasservorkommen infolge des geologischen Muldenbaues begrenzt ist.

Auf Grund der Wassergehaltsberechnung von Gesteinen und der einzelnen Formationen und Horizonte ist die Wasservorratsberechnung des Untersuchungsgebietes durchgeführt worden.

Der Wassergehalt eines Gesteins ergibt sich aus dem mit Wasser gefüllten Porenvolumen, das aus dem Gesamt- und dem nutzbaren Porenvolumen besteht. Hierbei ist unter nutzbarem Porenwasser das Wasser zu verstehen, das technisch durch Pumpen aus Brunnen gehoben werden kann.

Für zahlreiche Gesteine, besonders Lockergesteine, ist das G e s a m t p o r e n v o l u m e n bekannt, so daß Mittelwerte zur Berechnung herangezogen werden können [7, 26, 32, 37, 38, 39, 50, 53, 56 71, 89, 113].

Gesamtporenvolumen von Gesteinen

Gesteinsart	Anzahl der Proben	Porenvolumen % des Gesamtvolumens von	bis	Mittel
Kalkstein	35	1,21	36,47	14,24
Buntsandstein	64	7,73	27,72	19,22
so	1			15,40
sm b-Horizonte	1			7,73
sm a-Horizonte	1			27,72
Kies	11	25,00	55,00	37,54
Sand	22	14,00	55,50	37,93
Lehm	11	20,00	50,00	38,04
Ton	21	5,00	85,00	46,08
Löß	2	40,00	65,00	52,50
Braunkohle	1			73,60

Für die Festgesteine ist beim Muschelkalk der Mittelwert nach HIRSCHWALD [37] eingesetzt worden; HIRSCHWALD nimmt keine Untergliederung des Muschelkalkes vor. So stellt höchstwahrscheinlich der Mittelwert ein Mittel aus mehreren Muschelkalkhorizonten dar.

Beim Buntsandstein kann der Mittelwert nach HIRSCHWALD nicht für Mittleren und Oberen Buntsandstein zusammen herangezogen werden, da HIRSCHWALD nur Sandsteine untersucht hat. Andererseits weisen Mittlerer und Oberer Buntsandstein raummäßig die größten Werte auf, verhalten sich aber in ihrer Wasserführung recht abweichend voneinander. Da das Porenvolumen — nach den wenigen Angaben zu urteilen — sich umgekehrt verhält wie bei Lockergesteinen, d. h. mit steigender Korngröße ansteigt, ist beim Mittleren Buntsandstein für die tonigen Horizonte (b) der kleinste, für die sandigen Horizonte (a) der größte Wert (nach HIRSCHWALD) eingesetzt worden, wobei zu bemerken ist, daß die wenigen Zahlen, die HIRSCHWALD aus dem Untersuchungsgebiet mitteilt, zumeist zwischen 25% und 26% liegen, d. h. sehr hohe Werte sind und wohl aus den Bausandsteinen, aus den a-Horizonten, stammen.

Für den Oberen Buntsandstein ist ein Zahlenwert aus dem Oberen Buntsandstein nach HOPPE [39] herangezogen worden.

Über das nutzbare Porenvolumen von Lockergesteinen liegen nur wenige, über das von Festgestein liegt nur ein Wert für Kalkstein mit 0—1%, im Mittel 0,5% vor, zu dem noch das Kluftwasser kommt, das nicht genau — wie auch bei allen anderen Festgesteinen — zu erfassen ist. Für die Aufstellung der Tabelle sind die Angaben der Autoren herangezogen worden, die bei der Berechnung des Gesamtporenvolumens genannt worden sind.

Nutzbares Porenvolumen von Gesteinen

Gesteinsart	Anzahl der Proben	Nutzbares Porenvolumen — % des Gesamtvolumens
Kalkstein	1	0,50
Buntsandstein	—	ca. 1,35
so	—	ca. 0,31
sm b-Horizonte	—	ca. 0,16
sm a-Horizonte	—	ca. 1,94
Kies	—	ca. 30,03
Sand	3	27,31
Lehm	3	21,30
Ton	3	10,60
Löß	—	ca. 10,50
Braunkohle	18	16,00

Zur Feststellung des nutzbaren Porenvolumens der Sandsteine des Mittleren Buntsandsteins des Untersuchungsgebietes wurden zwei Gesteinsproben untersucht, ein stark verfestigter und ein angewitterter, mürber Sandstein. Als Gesamtporenvolumen in % des Gesamtvolumens wurden die Werte 5,7% und 6,2% errechnet aus der Gewichtszunahme der Versuchskörper beim Eintauchen in Wasser unter normalem Atmosphärendruck nach vorherigem Trocknen im Trockenschrank bei 110° C. Durch Absaugen mit einer Wasserstrahlpumpe (Druck von durchschnittlich $^1/_{100}$ Atmosphäre) wurde dann das nutzbare Wasser durch Gewichtsverlust der Versuchskörper gemessen und danach der nutzbare Porenvolumenanteil in % des Gesamtvolumens errechnet zu 4,0% und 4,8%.

Das nutzbare Grundwasser setzt sich nicht nur aus Porenwasser zusammen, sondern in Festgesteinen zusätzlich aus Kluftwasser. Klüfte sind aber in den Versuchskörpern nicht sichtbar. Im großen Gesteinsverband wird daher die nutzbare Wassermenge noch größer sein.

Zur Berechnung des nutzbaren Wasservorrats im Buntsandstein des Untersuchungsgebietes sollen aus Sicherheitsgründen nur kleinere als die in den zwei Proben gemessenen Werte herangezogen werden. Sie sind durch Analogieschlüsse aus den bekannten Werten des nutzbaren Porenvolumens von Lockergesteinen und des Kalksteines ermittelt worden. Danach ist zum Beispiel der nutzbare Porenraum des Kalksteins nur $^1/_{10}$ so groß wie der Raum, den das Lockergestein gleicher Korngröße enthält. Für Sandstein wird der entsprechend ermittelte Wert 1,94% an Stelle der im Versuch gemessenen Werte 4,0% bis 4,8% vom Gesamtvolumen benutzt. In der gleichen Weise werden für die tonigen Horizonte 0,16% und für den Oberen Buntsandstein 0,31% in die Berechnung eingesetzt.

Bei der Braunkohle liegen zumeist nur Werte der grubenfeuchten Kohle von 35—60 Gewichtsprozenten, die aus dem anstehenden, aber entwässerten Flöz entnommen ist, vor.

Diese Zahlen, die auf Gewichtsprozente bezogen sind und auf Volumenprozente umgerechnet werden müssen, ergeben durch Subtraktion von denen des Wassergehaltes der unverritzten, unentwässerten Kohle (etwa 70 Gewichtsprozente) das nutzbare Wasser. Dieses nutzbare Wasser von 16% des Gesamtvolumens kann durch die Entwässerung aus dem Flöz entfernt werden.

Für die geologischen Schichten wurden aus den gewonnenen Zahlenwerten der einzelnen Gesteine die nutzbaren Porenvolumina gemittelt.

Nutzbares Porenvolumen in Prozent des Gesamtvolumens der Formationen und Horizonte

Quartär:			
Kies	ca.	30,03	19,95
Sand		27,31	
Lehm		21,30	
Ton		10,60	
Löß	ca.	10,50	
Tertiär:			
Kies	ca.	30,03	20,99
Sand		27,31	
Ton		10,60	
Braunkohle		16,00	
Unterer Keuper:			
Kalkstein		0,50	4,15
Sandstein	ca.	1,35	
Ton		10,60	
Oberer- Unterer Muschelkalk:			
Kalkstein		0,50	0,50
Oberer Buntsandstein:			
	ca.	0,31	ca. 0,31
Mittlerer Buntsandstein:			
b-Horizonte	ca.	0,16	ca. 0,16
a-Horizonte	ca.	1,94	ca. 1,94

Die prozentuale Wasserfüllung der Formationen und Horizonte ist aus dem Wasserstand bei der jeweiligen Mächtigkeit aus zahlreichen Brunnen gemittelt worden.

Wasserfüllung der Formationen und Horizonte

Horizont	Anzahl der Brunnen	Wasserstand im Horizont von (Meter)	bis (Meter)	Mächtigkeit des Horizontes von (Meter)	bis (Meter)	Mit Wasser gefüllt %
a + d	119	0	18	1	21	23,9
e	34	0	132	1	140	87,6
ku	1	—	33	—	40	82,5
m	55	0	116	2	116	63,6
so	33	5	150	5	150	95,4
sm-b-Horizont	105	0	56	2	56	94,0
sm-a-Horizont	118	0	53	2	53	88,6
Insgesamt	465	0	150	1	150	88,2

Zur Berechnung des Raumes wurde das Gebiet in fünf West-Ost verlaufende Geländestreifen zerlegt, die mit den Kartenblättern (Anlage 1):

1. Allstedt bis Halle-Süd
2. Ziegelroda bis Merseburg-Ost
3. Wiehe bis Lützen

4. Buttstädt bis Hohenmölsen
5. Apolda bis Zeitz

übereinstimmen.

Da das Untersuchungsgebiet eine flache Mulde darstellt (generelles Einfallen zumeist zwischen 1° und 2°), konnten die Profilschnitte der einzelnen Geländestreifen als Dreiecke angenommen werden.

Die Dreieckshöhe (Mächtigkeit) wurde aus dem Mittel der minimalen und maximalen Geländehöhe über Normal-Null und der größten Tiefe unter Normal-Null des Geländestreifens, d. h. aus der Summe der geologischen Schichten errechnet.

Als Basis diente der mittlere Abstand vom Ausstrich des Liegenden des Mittleren Buntsandsteins im Westen und Osten eines jeden Geländestreifens.

Die dritte Dimension für den Raum ergab die Nord-Süd-Erstreckung des Geländestreifens (Kartenlänge N—S).

Zu berücksichtigen ist, daß der nördlichste (1.) Geländestreifen nur die halbe Nord-Süd-Erstreckung aufweist und der südlichste (5.) Geländestreifen ein Dreieck darstellt, das nur halb so groß ist wie die anderen, da der Geländestreifen durch die Finnestörung nach Westen abgeschnitten wird.

Horizont	Gesamt-volumen km³	Nutzbares Porenvolumen % des Ges.-Vol.	km³
a + d	11,398	19,95	2,274
e	0,764	20,99	0,160
ku	0,718	4,15	0,030
m	33,992	0,50	0,170
so	95,188	ca. 0,31	0,295
sm-			
b-Horizont	139,197	ca. 0,16	0,223
a-Horizont	167,654	ca. 1,94	3,252
Insgesamt	448,911	1,43	6,404

Horizont	Mit Wasser gefüllt. % v. nutzb. Poren-volumen	Gefördertes Wasser. % v. nutzb. Poren-volumen
a + d	23,9	0,74
e	87,6	11,35
ku	82,5	0,04
m	63,6	2,25
so	95,4	0,23
sm —		
b — Horizont	94,0	0,25
a — Horizont	88,6	0,14
Insgesamt	88,2	**0,70**

Die Räume für die einzelnen geologischen Schichten wurden in ähnlicher Weise (als Dreiecksabschnitte) wie der Gesamtraum errechnet mit Ausnahme des Pleistozäns, das als Rechteck im Schnitt angenommen wurde. Bei Dreiecksdarstellung würde der Rauminhalt des Pleistozäns zu gering werden, weil es annähernd das gesamte Gebiet als geringmächtige Decke überlagert.

Auf diese Weise trat nur im zweiten Geländestreifen eine geringfügige Abweichung ein dadurch, daß das Tertiär des Geiseltales eine verhältnismäßig große Mächtigkeit aufweist, so daß der in diesem Gebiet nur geringmächtige Mittlere Muschelkalk nicht berücksichtigt werden konnte.

Mit Hilfe der oben berechneten Prozentzahlen des nutzbaren Porenvolumens und der Wasserfüllung sowie der Aufgliederung der Wasserförderung auf die einzelnen Formationen und Horizonte hat sich aus Einzelberechnungen folgendes Gesamtbild ergeben:

Der Gesamtraum der Querfurt—Freyburg—Naumburger Muschelkalkmulde mit 448,911 km^3 enthält nur 1,43% nutzbares Porenvolumen vom Gesamtvolumen, d. h. 6,404 km^3. Von diesem nutzbaren Raum sind 88,2% mit Wasser gefüllt, die 5,648 km^3 Wasser, das dem Untergrund entnommen werden kann, enthalten. Gehoben wird Wasser aber nur in Höhe von 0,7% des nutzbaren Porenvolumens, das sind 0,045 km^3.

Danach sind im Untersuchungsgebiet noch 5,603 km^3 (87,5%) nutzbares Wasser enthalten, während 0,756 km^3 (11,8%) nutzbarer Porenraum trocken ist. In diesem könnte unter günstigen Umständen zum Teil auch noch Wasser angereichert werden.

Der große Wasservorrat von 5,648 km^3 ergibt sich trotz der eingesetzten kleinen Werte für den nutzbaren Porenraum des Sandsteins. Bei Heranziehung der Werte, die sich bei der Untersuchung der Gesteinsproben ergeben haben, würde sich der Gesamtvorrat noch vergrößern.

V. Zusammenfassung

Das Untersuchungsgebiet — die Querfurt—Freyburg—Naumburger Muschelkalkmulde — enthält die geologische Schichtenfolge der Trias, des Tertiärs und des Quartärs.

Der Untere Buntsandstein bildet durch seine tonigen Schichten geohydrologisch einen natürlichen Abschluß des Untersuchungsgebietes.

Die sandigen Horizonte des Mittleren Buntsandsteines sind reich an Grundwasser und können für Wasserversorgungsanlagen größere Wassermengen liefern. Durch Einlagerung von Tonhorizonten ist der Mittlere Buntsandstein gegliedert. Ein neu aufgestelltes Profil des Mittleren Buntsandsteines ergibt fünf Zonen mit Sandstein- und fünf Zonen mit Tonvorherrschaft. Die Gesamtmächtigkeit beträgt im Norden 275 m und im Süden 220 m. Das Profil ist anwendbar auf das gesamte Untersuchungsgebiet und ermöglicht eine annähernde Horizontierung von Bohrungen im Mittleren Buntsandstein, die bisher schwer möglich war.

Der Obere Buntsandstein enthält durch seine tonige Ausbildung nur wenig Grundwasser, das hart und salzig durch Gips- und Salzführung ist.

Das bekannte Mitteldeutsche Muschelkalkprofil mit Unterem, Mittlerem und Oberem Muschelkalk ist auch im Untersuchungsgebiet festzustellen. Das Grundwasser weist große Schwankungen auf, da es sich hauptsächlich aus Kluft- und Spaltenwasser zusammensetzt.

Der Keuper zeigt geringe Verbreitung und ist nur in seinen unteren Horizonten vorhanden. Die Grundwasserführung ist dementsprechend geringfügig.

Das durch Kohleführung ausgezeichnete Tertiär ist mit wechsellagerndem Ton, Sand, Kies und Braunkohle vertreten. Die Grundwasserführung ist groß in Sanden und Kiesen.

Die Gesteinsausbildung des Quartärs ist durch pleistozäne und holozäne Sedimente bestimmt, die fast das gesamte Untersuchungsgebiet in geringer Mächtigkeit bedecken. Unterschiedlich ist die Grundwasserführung. Sie kann in den Flußtälern groß sein.

Die Schichten der Trias liegen im Untersuchungsgebiet muldenförmig und bilden die nach ihnen benannte Querfurt—Freyburg—Naumburger Muschelkalkmulde. Die Strukturfläche des Liegenden des Mittleren Buntsandsteines wird auf einer Karte dargestellt, bei der die Ergebnisse zahlreicher Bohrungen ausgewertet worden sind. Für die praktische Ausführung können hierdurch Hinweise für die vermutliche Tiefe der Brunnen gegeben werden.

Die Hydrologie der Querfurt—Freyburg—Naumburger Muschelkalkmulde — sie ist in hydrogeologischer Hinsicht ein günstiges Untersuchungsgebiet — zeigt mit Ausnahme des Bergbaugebietes in normalen Grenzen schwankende Grundwasserspiegel in den Grundwasserstockwerken vom Quartär bis hinab zum Mittleren Buntsandstein. Die wichtigsten Grundwasserstockwerke sind auf einer Karte dargestellt.

Als einzige Basis zum Vergleich der Brunnen kann die spezifische Ergiebigkeit dienen. Sie wird für die geologischen Formationen und Horizonte berechnet und bestätigt das aufgestellte Profil des Mittleren Buntsandsteines, so daß mit ihrer Hilfe eine annähernde Horizontierung von Brunnen im Mittleren Buntsandstein möglich ist.

Der Chemismus des Grundwassers einschließlich der Mineral- und Heilwasserquellen wird in bezug auf Gesamthärte und Chloridrest untersucht, woraus sich das Verhalten der Wässer der einzelnen Formationen und Horizonte ergibt.

Im Wasserhaushalt bzw. in der Wasserhaushaltsgleichung sind Niederschlag, Abfluß und Verdunstung vereinigt, die im allgemeinen und speziell bezogen auf das Untersuchungsgebiet behandelt werden.

$$N = A_O + A_Q + A_h + V_O + V_{Pf} + V_h$$
$$\text{mm } 522 = 58 + 12 + 19 + 141 + 283 + 9 \text{ mm}$$

Der Abfluß gliedert sich in die Summanden Oberflächenabfluß, Quellabfluß und Abfluß aus der Wasserhebung und die Verdunstung in die Summanden Oberflächenverdunstung, Pflanzenverdunstung und Verdunstung aus der Wasserhebung. Alle Faktoren der Wasserhaushaltsgleichung werden in ihrer Gesamtheit und einzeln in ihren Zahlenwerten untersucht.

Aus Einzelwerten wird die jährliche Wasserhebung aus dem Untergrund des Untersuchungsgebietes durch Brunnen für Bevölkerung, Vieh und Industrie ermittelt zu insgesamt 28 mm, ebenfalls die damit in Verbindung stehenden Abwässer mit 19 mm.

Die resultierende Versickerung (Filtration) muß im langjährigen Zeitraum, wenn der Wasserhaushalt ausgeglichen ist, die natürliche Quellschüttung (12 mm) und die Pflanzenverdunstung (283 mm) mit zusammen 295 mm speisen und zusätzlich die Wasserhebung von 28 mm versorgen. An den gleichmäßigen Grundwasserstandsschwankungen ist der ausgeglichene Wasserhaushalt zu erkennen. Bei diesem muß für die künstliche Wasserhebung von 28 mm eine gleichgroße Wassermenge versickern.

Neben der Analyse des Wasserhaushaltes ist der Wasservorrat des Untersuchungsgebietes quantitativ zu erfassen.

Das Gesamt- und nutzbare Porenvolumen von Gesteinen sowie von Formationen und Horizonten wird ermittelt. Dann erfolgt die Berechnung des Gesamtvolumens und des nutzbaren Porenvolumens im Untersuchungsgebiet. Außerdem wird die Wasserfüllung des nutzbaren Porenvolumens und die Wasserhebung aus den einzelnen Horizonten ermittelt.

Nach diesen Berechnungen sind vom Gesamtvolumen des Untersuchungsgebietes – der Querfurt–Freyburg–Naumburger Muschelkalkmulde – nur 1,43% nutzbares Porenvolumen. Nutzbares Grundwasser ist in Höhe von 88,2% des nutzbaren Porenvolumens vorhanden, wird aber nur zu 0,7% gefördert.

Eine stärkere Nutzung wird im Untersuchungsgebiet nur möglich sein durch Vertiefung der derzeitigen Brunnen sowie Neuanlage weiterer Tiefbrunnen, wobei eine vollständige Ausnutzung nie erreichbar ist durch die entstehenden toten Grundwasserräume.

Wenn auch die Berechnung des Grundwasservorrates in der Querfurt–Freyburg–Naumburger Muschelkalkmulde zu überraschend günstigen Ergebnissen geführt hat, so muß doch bei einer weiteren Erschließung und stärkeren Nutzung die geologische Beratung und weitere geohydrologische Erforschung mitwirken. Sonst besteht die Gefahr der Überbeanspruchung und Aufzehrung des Grundwasservorrates im Untersuchungsgebiet.

Mit vorliegender Arbeit konnte nur ein allgemeiner, grundlegender Überblick über das Gesamtgebiet gegeben werden, jede Einzelaufgabe wird aber wieder neue Probleme aufwerfen.

Immerhin lieferte die vorliegende Arbeit durch die Angabe der Grundwasserhorizonte, ihre Ergiebigkeiten und Tiefenlagen auch für die Praxis unmittelbar wichtige Grundlagen.

Literaturverzeichnis

[1] ADGE, G. und VETTER, K. E.: Untersuchungen über die Wasserbindungsverhältnisse in Braunkohlen. Braunkohle **38** (Halle 1939) S. 237—240.

[2] Akten der Betriebe und Industriewerke; Akten des Bezirks-Hygiene-Institutes Halle; Akten der Braunkohlengruben; Akten des Geologisch-paläontologischen Institutes der Universität Halle; Akten der Geologischen Kommission, Außenstelle Halle; Akten des Meteorologischen und Hydrologischen Dienstes, Zweigstelle Halle; Akten der Räte von Kreisen, Städten und Gemeinden.

[3] ALBERT, G.: Wasserbedarf und Abwassermengen von Industriebetrieben. Wasserwirtschaft-Wassertechnik **2** (Berlin 1952) S. 283—286.

[4] Analyse des Lauchstädter Brunnens. 16 S. Herausgegeben vom Brunnenversand der Heilquelle zu Bad Lauchstädt.

[5] BAUMANN, H.: Arbeitsweise und Verwendung wägbarer Lysimeter zur Bestimmung der Verdunstung von bewachsenem Erdboden. Dt. Wasserwirtschaft **32** (Stuttgart 1937) S. 181—186.

[6] BEHR, H.: Über die Grundwasserergiebigkeit in der DDR. Wasserwirtschaft-Wassertechnik **3** (Berlin 1953) S. 84—88.

[7] BENDEL, L.: Ingenieurgeologie. 1. Hälfte 832 S. Wien 1944.

[8] BOLLMANN, H.: Der Wert von Grundwasserganglinien bei langfristiger Beobachtung. Dt. Wasserwirtschaft **36** (Stuttgart 1941) S. 374—378.

[9] BOLLMANN, H.: Die Nöte der Wasserversorgung des Landes Sachsen-Anhalt, ihre Ursachen und ihre Behebung. Wasserwirtschaft-Wassertechnik **1** (Berlin 1951) S. 134—141.

[10] BOLLMANN, H.: Ein Beitrag zu den Auffassungen über die Erforschung des unterirdischen Wassers. Wasserwirtschaft-Wassertechnik **3** (Berlin 1953) S. 444—452.

[11] DEUBEL, F.: Grundwassergewinnung aus Bohrungen im thüringer Buntsandstein. Beiträge zur Geologie von Thüringen **6** (Jena 1942) S. 25—30.

[12] DEUBEL, F.: Geologische Grundlagen und derzeitiger Stand der Wasserversorgung in Thüringen. Hydrologische Forschungen **1**, Abhandlungen d. Reichsamtes f. Bodenforschung NF H. 209 (Berlin 1944) S. 165—176.

[13] Dt. Gewässerkundliches Jahrbuch für das Gebiet der DDR. Herausgegeben von der Forschungsanstalt für Schiffahrt, Gewässer- und Bodenkunde Berlin.

[14] Dt. Meteorologisches Jahrbuch für Preußen und übrige Norddeutsche Staaten. Berlin.

[15] DOLEZALEK, B.: Die Bewegungsvorgänge an der Finnestörung bei Bad Sulza, Eckartsberga und Rastenberg. Geologica H. 11 (Berlin 1952) S. 17—28.

[16] Ergebnisse von Bohrungen siehe unter Keilhack, K. und Schneider, O.

[17] FRIEDRICH, W.: Über die Verdunstung von bewachsenem und unbewachsenem Erdboden. Dt. Wasserwirtschaft **28** (Stuttgart 1933) S. 71—75.

[18] FRIEDRICH, W.: Über die Verdunstung von bewachsenem Erdboden. Dt. Wasserwirtschaft **31** (Stuttgart 1936) S. 114—117.

[19] FROMMEYER, F.: Die Beziehungen zwischen Salzauslaugung und Braunkohlenbildung im östlichen Geiseltal, unter Berücksichtigung dieser Vorgänge im übrigen Geiseltal. Jb. d. Hall. Verb. **17** (Halle 1939) S. 58—176 (Diss. Halle 1938).

[20] FULDA, E.: Die Zechsteinformation in der Gegend von Halle und Merseburg. Jb. d. Pr. G. L. A. XLIX 2. Teil f. 1928, Berlin 1929, S. 685—715.

[21] FULDA, E.: Tiefbohrergebnisse im Zechstein von Halle und Merseburg. Jb. d. Hall. Verb. **8** (Halle 1929) S. 79—86.

[22] GÄBERT, C.: Ausgewählte Kapitel über Grundwasserverhältnisse des mitteldeutschen Industriebezirkes, ihre Beziehungen zur Wasserversorgung und Bergbau. Jb. d. Hall. Verb. **7** (Halle 1928) S. 127—137.

[23] GÄBERT, C.: Die Wasserversorgung einer Gemeinde auf der sterilen Muschelkalkhochfläche bei Freyburg an der Unstrut. Techn. Gemeindeblatt XXXII (Berlin 1929) S. 235—237.

[24] GÄBERT, C.: Wichtige, bisher wenig oder nicht genutzte Grundwasserschätze Mitteldeutschlands. Mitteilungsblatt f. d. Mitglieder d. Landtages d. Prov. Sachsen 3 (Merseburg 1929) S. 215—229.

[25] GÄBERT, C.: Mitteldeutsche Bodenschätze: Erden, Steine, Grundwasser. Archiv f. Lagerstättenforschung H. 50, Berlin 1931, S. 7—49.

[26] GIESECKE, F.: Das Verhalten des Bodens gegen Luft; in Blanck, E.: Handbuch der Bodenlehre VI S. 253—342. Berlin 1930.

[27] GIESSLER, A.: Untersuchungen der Ursachen der Senkungskatastrophe von 1947 bei Neumark im Geiseltal. Die Bergakademie 3/1951 (Freiberg 1951) S. 221—231.

[28] GIESSLER, A.: Kritische Untersuchung der geohydrologischen Grundlagen der Kösener Sole-, Mineral- und Heilquelle. Wissenschaftliche Zeitschrift der Universität Halle III, H. 2 1953/54 (Halle 1953) S. 523—537.

[29] GRAHMANN, R.: Ergebnisse achtzehnjähriger Grundwasserbeobachtungen in Nordwestsachsen. Braunkohle 34 (Halle 1935) S. 373—378.

[30] GRAHMANN, R.: Schwankungen des Grundwasserspiegels im Lande Sachsen während der Jahre 1920 bis 1942. Braunkohle 42 (Halle 1943) S. 245—253.

[31] GRANTZ: Gutachtliche Äußerung betr. Wasserversorgung des östlichen Geiseltales. Technische Hochschule Charlottenburg 25. 4. 1914. Unveröffentlicht aus d. Akten d. Geol. Inst. Halle. 7 S.

[32] GRENGG, R.: Über die Bewertung von natürlichen Gesteinen für bautechnische Zwecke. Abhandlungen zur praktischen Geologie und Bergwirtschaftslehre 15 (Halle 1928) 64 S.

[33] HEIN, E.: Über die Beschaffenheit des Grundwassers in der DDR. Wasserwirtschaft-Wassertechnik 3 (Berlin 1953) S. 288—291.

[34] HEISE, W.: Die tektonische Sonderstellung der Merseburger Buntsandsteinplatte. Jb. d. Hall. Verb. 8 (Halle 1929) S. 32—74 (Diss. Greifswald 1929).

[35] HENKEL, L.: Beitrag zur Kenntnis des Muschelkalkes der Naumburger Gegend. Jb. d. Pr. G. L. A. XXII f. 1901 (Berlin 1904) S. 408—437.

[36] HENKEL, L.: Die Finnestörung von Eckartsberga bis Camburg. Jb. d. Pr. G. L. A. XLIX f. 1928 (Berlin 1928) S. 454—459.

[37] HIRSCHWALD, J.: Handbuch der bautechnischen Gesteinsprüfung. 923 S. Berlin 1912.

[38] HÖFER-HEIMHALT, H.: Grundwasser und Quellen. Braunschweig 1920.

[39] HOPPE, W.: Die technische Untersuchung und Beurteilung der Sandsteine. Z. f. praktische Geologie 48 (Halle 1940) S. 25—34, 43—47, 49—59.

[40] HOPPE, W.: Die hydrogeologischen Grundlagen der Wasserversorgung in Thüringen. 120 S. Jena 1952.

[41] HÜBNER, H.: Wasserwirtschaftliche Rahmenplanung in Sachsen-Anhalt. Wasserwirtschaft—Wassertechnik 4 (Berlin 1954) S. 14—19.

[42] HUNDT, R.: Grundwasserfragen in der Freyburg—Querfurter Muschelkalkmulde und deren nördlichem Randgebiet. Pumpen- und Brunnenbau 31 (Berlin 1935) S. 41—42.

[43] Jahrbuch für Gewässerkunde des Deutschen Reiches. Herausgegeben von d. Landesanstalt f. Gewässerkunde und Hauptnivellements in Berlin. Berlin.

[44] Kalähne, H.: Die Grundwasserverhältnisse im Geisel-Braunkohlengebiet und im unterlagernden Mittleren Buntsandstein. Diplomarbeit 1951. Unveröffentlicht im Geol. Inst. Halle.

[45] KALWEIT, H.: Aufgaben und Arbeiten der Wasserwirtschaftlichen Rahmenplanung in der DDR. Wasserwirtschaft—Wassertechnik 3 (Berlin 1953) S. 13—17, 56—64.

[46] KALWEIT, H.: Der Wasserhaushalt mitteldeutscher Flußgebiete. Wasserwirtschaft—Wassertechnik 3 (Berlin 1953) S. 407—418.

[47] KALWEIT, H.: Der Wasserhaushalt. 2 Bände. 685 S. Berlin 1953.

[48] KALWEIT, H. und KIRSTEN, M.: Durchschnittsverhalten und Schwankungsbereich der Wasserhaushaltsgrößen in Mitteldeutschland. Wasserwirtschaft—Wassertechnik 2 (Berlin 1952) S. 356—362.

[49] KEGEL, K., SPACKELER, G., RAMMLER, E.: Berg- und Aufbereitungstechnik. Bd. III: Geol. und technol. Grundlagen des Bergbaues. Teil I: Bergmännische Wasserwirtschaft. 3. Auflage. 374 S. Halle 1950.

[50] KEIL, K.: Ingenieurgeologie und Geotechnik. 2. Auflage. 1132 S. Halle 1954.

[51] KEILHACK, K.: Ergebnisse von Bohrungen. H. IV, Berlin 1907 bzw. Jb. d. Pr. G. L. A. XXVII f. 1906, Berlin 1909. S. 585—609.

[52] KEILHACK, K.: Ergebnisse von Bohrungen. H. V, Berlin 1909 bzw. Jb. d. Pr. G. L. A. XXVIII f. 1907, Berlin 1910. S. 893—894.

[53] KEILHACK, K.: Lehrbuch der Grundwasser- und Quellenkunde. 3. Auflage. 575 S. Berlin 1935.

[54] KIEHNEL, H.: Die Wasserversorgung in der DDR. Wasserwirtschaft—Wassertechnik 1 (Berlin 1951) S. 76—79.

[55] KLUT-OLSZEWSKI: Untersuchungen des Wassers an Ort und Stelle, seine Beurteilung und Aufbereitung. 9. Auflage, 281 S. Berlin 1945.

[56] KOEHNE, W.: Grundwasserkunde. 2. Auflage. 314 S. Stuttgart 1948.

[57] KOHL, E.: Grundwasserfragen in der Freyburg—Querfurter Muschelkalkmulde und deren nordöstlichem Randgebiet. Braunkohle XXXIII (Halle 1934) S. 753—757, 774—778.

[58] KOHL, E.: Zu „Grundwasserfragen in der Freyburg—Querfurter Muschelkalkmulde und deren nordöstlichem Randgebiet." Braunkohle XXXIV (Halle 1935) S. 106—107.

[59] KOLBE, H.: Aufbau und Bildung der mitteleozänen Braunkohlenflöze in Mitteldeutschland. Teil I: Allgemeines. Z. f. praktische Geologie **45** (Halle 1937) S. 183—199. Teil II: Beschreibung der einzelnen Braunkohlenreviere. Braunkohlenarchiv H. 53, Halle 1939, 44. S.

[60] KOLESCH, K.: Beitrag zur Stratigraphie des Mittleren Buntsandsteins im Gebiet des Blattes Kahla. Jb. d. Pr. G. L. A. XL f. 1919 Teil II, Berlin 1922. S. 307—382.

[61] KRUSCH und FLIEGEL: Gutachten zum Prozeß der Zuckerfabrik Stöbnitz (Bach u. Co.) gegen Anhaltische Kohlenwerke. 54 S. Berlin 24. 11. 1928. Unveröffentlicht a. d. Akten d. Geol. Inst. Halle.

[62] KRUSE, H.: Wasser. Darstellung seiner chemischen, hygienischen, medizinischen und technischen Probleme. 232 S. Hannover 1949.

[63] KUMM, A.: Das Wasser als Bestandteil des obersten Teiles der Erdkruste; in Blanck, E.: Handbuch der Bodenlehre, Bd. V, S. 47—97. Berlin 1930.

[64] LEHMANN, R.: Das Diluvium des unteren Unstruttales von Sömmerda bis zur Mündung. Jb. d. Hall. Verb. III, Lief. 3, (Halle 1922) S. 89—124.

[65] LEHMANN, R.: Die Deckgebirgsschichten im mitteldeutschen Braunkohlenrevier. Z. D. G. G. **82** (Berlin 1930) S. 479—488.

[66] LEHMANN, R.: Die geologischen Verhältnisse der Grubenfelder der A. Riebeckschen Montanwerke; in Franke, P. A.: Riebecksche Montanwerke. Die Geschichte einer mitteldeutschen Bergwerksgesellschaft (München 1933) S. 215—252.

[67] LOTZE, F.: Gutachten über die Wasserführung des Buntsandsteins in der Ziegelrodaer Forst (Für Kaliwerk Roßleben). Berlin 29. 4. 36. Unveröffentlicht aus den Akten des Meteorol. u. Hydrol. Dienstes Halle.

[68] LOTZE, F.: Über Bewegungen des Wasserstandes in Wasserbohrungen bei Roßleben an der Unstrut. Hydrol. Forschungen **1**, Abhandlungen d. Reichsamtes f. Bodenforschung NF H. 209, Berlin 1944 S. 177—180.

[69] LUDIN, A.: Gutachten: Beurteilung der hydrol. und technischen Verhältnisse der Wasserversorgung des östlichen Geiseltales. 30 S. Berlin 8. 7. 1931. Unveröffentlicht a. d. Akten d. Geol. Inst. Halle.

[70] MARTINI, H. J.: Vorkommen und Ursprung der Sole von Bad Sulza. Festschrift z. 60. Geburtstag von H. Stille, Stuttgart 1936. S. 378—388.

[71] MITSCHERLICH, E. A.: Bodenkunde. 5. Auflage. 364 S. Halle 1949.

[72] MÖLLER, O.: Aufgaben in der Wasserwirtschaft. Wasserwirtschaft—Wassertechnik **1** (Berlin 1951) S. 4—10.

[73] MÜLLER-DELITZSCH, G.: Die geologischen und hydrologischen Verhältnisse der Geisel- und Zwölf-Apostelquellen bei St. Micheln—St. Ulrich. Beitr. z. Geol. v. Thür. III, Jena 1933. S. 257—282.

[74] MÜLLER-DELITZSCH, G.: Zu „Grundwasserfragen in der Freyburg-Querfurter Muschelkalkmulde und deren nordöstlichem Randgebiet" Braunkohle XXXIV (Halle 1935) S. 105—106.

[75] NAHNSEN, J.: Ein Verfahren zur zahlenmäßigen Bestimmung der Entwässerbarkeit von Sanden. Braunkohle XXVIII (Halle 1929) S. 356—358.

[76] NIEMANN, P.: Hydrologische Beobachtungen in der Umgebung von Granschütz im Weißenfels-Zeitzer Revier. Braunkohle XXX (Halle 1931) S. 1049—1053, 1076—1079.

[77] Pfalz, R.: Grundgewässerkunde. 175 S. Halle 1951.

[78] PICARD, E.: Über den Unteren Buntsandstein der Mansfelder Mulde und seine Fossilien. Berlin 1910 bzw. Jb. d. Pr. G. L. A. XXX 1. Teil f. 1909, Berlin 1911, S. 576—622.

[79] PICARD, E.: Beitrag zur Kenntnis des Muschelkalkes bei Schraplau. Jb. d. Pr. G. L. A. XLIV f. 1923, Berlin 1924, S. 396—404.

[80] PICARD, E.: Gutachten über Buntsandsteinbrunnen in der Gemeinde Reinsdorf (Schwarzeichetal). Berlin 3. 10. 39. Unveröffentlicht a. d. Akten d. Meteorol. und Hydrol. Dienstes Halle.

[81] PICARD, E.: Gutachten der Reichsstelle für Bodenforschung über Grundwasservorkommen im Geisel- und Leihatal. 45 S. Berlin 5. 6. 1941. Unveröffentlicht a. d. Akten d. Meteorol. und Hydrol. Dienstes Halle.

[82] PICARD, E.: Wasserversorgung im Mittleren Buntsandstein im Geiseltal bei Merseburg. Hydrol. Forsch. **1**, Abhandlungen d. Reichsamtes f. Bodenforschung NF H. 209 (Berlin 1944) S. 181—186.

[83] Rastenberg/Thüringen — Luftkurort. 6 S. Herausgegeben vom Landesfremdenverkehrsverband Thüringen.

[84] RIEMPP, G.: Wasserbedarfssätze in Sachsen-Anhalt zur Aufstellung technisch-wirtschaftlicher Kennziffern. Wasserwirtschaft—Wassertechnik **2** (Berlin 1952) S. 309—313.

[85] SALZMANN, W.: Das Braunkohlenvorkommen im Geiseltal mit besonderer Berücksichtigung der Genesis. Archiv f. Lagerstättenforschung H. 17, Berlin 1914, 105 S.

[86] SANTELMANN: Die Hallischen Braunkohlenlager in der Nietleben-Bennstedter Mulde. Braunkohle XXIV (Halle 1925/26) S. 533—541, 576—584, 616—625.

[87] SCHENSKY, M.: Die Braunkohlenablagerungen südlich des ehemaligen Salzigen Sees bei Oberröblingen. Jb. d. Hall. Verb. 6 (Halle 1927) S. 27—71.

[88] Schlag Nach — Natur. 600 S. Leipzig 1952.

[89] SCHNEIDER, H. — TRUELSEN, Chr. — THIELE, H.: Die Wassererschließung. 422 S. Essen 1952.

[90] SCHNEIDER, O.: Ergebnisse von Bohrungen. H. VII (Berlin 1915) S. 175—183.

[91] SCHÜTZE, E.: Tektonische Störungen der triadischen Schichten bei Eckartsberga, Sulza und Camburg. III. Jb. d. Pr. G. L. A. XIX f. 1898, Berlin 1899. S. 65—98.

[92] SCUPIN, H.: Zur Nomenklatur des Grundwassers und verwandter Begriffe. Z. f. prakt. Geologie 43 (Halle 1935) S. 101—104.

[93] SEIDEL, O.: Die Quellen der Schmücke, Hohen Schrecke und Finne. 148 S. Diss. d. Phil. Fak., Berlin 1914.

[94] SIEGERT L. und WEISSERMEL, W.: Das Diluvium zwischen Halle/Saale und Weißenfels. Abh. d. G. L. A. NF H. 60, Berlin 1911, 350 S.

[95] SÖFNER, R.: Zur Entstehung des Thüringer Buntsandsteins. Chemie der Erde 11 (Jena 1938) S. 420—444.

[96] Statistik des Deutschen Reiches: Bd. 386 Forstwirtschaftliche Erhebung 1927, Berlin 1930; Bd. 450 Gemeindeverzeichnis 1933, Berlin 1934; Bd. 451 Bevölkerung 1933, Berlin 1936; Bd. 459 Land- und Forstwirtschaftliche Betriebe 1933, Berlin 1937; Bd. 460 Bodenbenutzung in den land- und forstwirtschaftlichen Betrieben 1933, Berlin 1937; Bd. 550 Gemeindeverzeichnis 1939, Berlin 1940; Bd. 552 Bevölkerung 1939, Berlin 1943; Bd. 560 Land- und Forstwirtschaftliche Betriebe 1939, Berlin 1943. Herausgegeben vom Statistischen Reichsamt Berlin.

[97] STEINER, O.: Die Fortsetzung der Finnestörung zwischen Saale und Elster. Jb. d. Pr. G. L. A. 53 f. 1932, Berlin 1933, S. 587—598.

[98] TROSSBACH, G. und WUNDT, W.: Die natürliche Vorratsbildung in unseren Flußgebieten. Archiv f. Wasserwirtschaft Nr. 52 Berlin 1940.

[99] ULE, W.: Niederschlag und Abfluß in Mitteleuropa. Forschungen z. Dt. Landes- und Volkskunde 14 (Stuttgart 1903) S. 439—516.

[100] VOSS, R.: Die palaeogeographische Verbreitung des Rogensteins im deutschen Buntsandstein. Abh. d. Pr. G. L. A. NF H. 107, Berlin 1928, 66 S.

[101] WECHMANN, A.: Die Durchlässigkeit von Moorböden. Dt. Wasserwirtschaft 38 (Stuttgart 1943) S. 136—138.

[102] WEIGELT, H.: Die Kohlenaufpressungen in den Geiseltalgruben „Leonhardt", „Pfännerhall" und „Rheinland". Jb. d. Hall. Verb. 7 (Halle 1928) S. 68—99.

[103] WEIGELT J.: Der tektonische Unterbau der mitteldeutschen Hauptscholle. Beitr. z. Landeskunde Mitteldeutschlands. Festschr. z. 23. Dt. Geographentag i. Magdeburg, Braunschweig 1929, S. 14—70.

[104] WEIGELT, J.: Die mitteldeutsche Braunkohle und ihr tektonischer Bildungsraum. Braunkohle 36 (Halle 1937) S. 601—622.

[105] WEISSERMEL, W.: Zur Geologie des Geiseltales mit besonderer Berücksichtigung der Braunkohle. Z. D. G. G. 82 (Berlin 1930) S. 257—291.

[106] WIESE, H.: Klimarhythmen und -schwankungen in ihrer Auswirkung auf die Wasserführung. Abh. d. Meteorol. u. Hydrol. Dienstes d. DDR. Bd. 3, Nr. 21, Berlin 1953, 44 S.

[107] WILLRUTH, K.: Die Braunkohlenlagerstätte von Oberröblingen. Jb. d. Hall. Verb. 2 (Halle 1920) S. 50—63.

[108] WÜST, E.: Die Fossilführung des Mittleren Buntsandsteins der Mansfelder Mulde. Z. f. Naturwissenschaften 79 (Stuttgart 1907) S. 109—126.

[109] WUNDT, W.: Grundwasser und natürliche Vorratsbildung in unseren Flußgebieten. Dt. Wasserwirtschaft 36 (Stuttgart 1941) S. 611—623.

[110] WUNDT, W.: Gewässerkunde. Berlin—Göttingen—Heidelberg 1953. 320 S.

[111] ZEPFT: Salzgehalt und Wasserführung der Saale. Dt. Wasserwirtschaft 36 (Stuttgart 1941) S. 147—148.

[112] ZIMMERMANN I, E: Geologisches Querprofil durch Thüringen von Suhl über Ilmenau und Weimar nach Halle und Längsprofil Zeitz über Kösen bis Wiehe. Mon. Ber. Nr. 3/4, Z. D. G. G. 74 (Berlin 1922) S. 71—77.

[113] ZUNKER, F.: Das Verhalten des Bodens zum Wasser; in Blanck, E.: Handbuch der Bodenlehre VI, Berlin 1930, S. 6—220.

Karten:

Geologische Spezialkarte (1 : 25 000) herausgegeben v. d. G. L. A. Berlin.

[114] 4436 Wettin SPEYER, O. L. 18, Berlin 1884.

[115] 4437 Halle-Nord PICARD, E. L. 5 2. Auflage, Berlin 1922.

[116] 4534 Allstedt (Riestedt) SPEYER, O. L. 19, Berlin 1882.

[117] 4535 Erdeborn (Schraplau) SPEYER, O. L. 19, Berlin 1882.

[118] 4536 Schraplau (Teutschenthal) FRITSCH, K. v. L. 19, Berlin 1882.
[119] 4537 Halle-Süd WEISSERMEL, W.; SIEGERT, L.; FINCKH, L.; FULDA, E. L. 52 2. Auflage, Berlin 1928.
[120] 4538 Dieskau SIEGERT, L. u. WEISSERMEL, W. L. 52, Berlin 1909.
[121] 4633 Artern KAYSER, E. L 9, Berlin 1884.
[122] 4634 Ziegelroda DAMES, W. L. 19, Berlin 1882.
[123] 4635 Querfurt SPEYER, O. L. 19, Berlin 1882.
[124] 4636 Schafstädt SPEYER, O. L. 19, Berlin 1882.
[125] 4637 Merseburg-West WEISSERMEL, W. L. 52, Berlin 1909.
[126] 4638 Merseburg-Ost SIEGERT, L. u. BÄRTLING, R. L. 52 Berlin 1909.
[127] 4733 Oberheldrungen (Schillingstedt) KAYSER, E. L. 9 Berlin 1884.
[128] 4734 Wiehe DAMES, W. L. 19, Berlin 1882.
[129] 4735 Nebra (Bibra) SPEYER, O. L. 19, Berlin 1882.
[130] 4736 Freyburg SPEYER, O. L. 19, Berlin 1882.
[131] 4737 Weißenfels WEISSERMEL, W. L. 146, Berlin 1908.
[132] 4738 Lützen SIEGERT, L. L. 146, Berlin 1909.
[133] 4833 Kölleda SCHMID, E. E. L. 4, Berlin 1873.
[134] 4834 Buttstädt SCHMID, E. E. L. 2, Berlin 1872.
[135] 4835 Eckartsberga SCHMID, E. E. L. 2, Berlin 1872.
[136] 4836 Naumburg NAUMANN, E. u. PICARD, E. L. 12 2. Auflage, Berlin 1909.
[137] 4837 Stößen SCHMID, E. E. L. 12, Berlin 1879.
[138] 4838 Hohenmölsen DAMMER, BR. L. 146, Berlin 1908.
[139] 4935 Apolda SCHMID, E. E. L. 2, Berlin 1872.
[140] 4936 Camburg SCHMID, E. E. L. 12, Berlin 1879.
[141] 4937 Osterfeld SCHMID, E. E. L. 12, Berlin 1879.
[142] 4938 Zeitz KÜHN, B. u. DAMMER, BR. L. 146, Berlin 1908.
[143] 5035 Jena NAUMANN, E. L. 285 (fr. 2) 5. Auflage, Berlin 1928.
[144] 5036 Bürgel SCHMID, E. E. L. 12, Berlin 1879.
[145] 5037 Eisenberg SCHMID, E. E. L 12, Berlin 1879.
[146] 5135 Kahla SCHRÖDER, E. L. 285 2. Auflage, Berlin 1929.
Geologische Übersichtskarte von Deutschland (1 : 200 000) herausgegeben von der G. L. A. Berlin
[147] 101 Dessau ZIMMERMANN, E.; DAHLGRÜN, F.; DIETZ, C. Berlin 1936.
[148] 113 Sondershausen BEYSCHLAG, F.; ZIMMERMANN I, E. Berlin 1922.
[149] 114 Halle ZIMMERMANN, E. Berlin 1924.
[150] 128 Jena ZIMMERMANN I, E. Berlin 1922.
Karte der nutzbaren Lagerstätten Deutschlands Lief.
[151] XII Bl. Halle (1 : 200 000) KOHL, E. und FULDA, E. Berlin 1922.
[152—184] Meßtischblätter: Die gleichen Nummern wie bei der geol. Spezialkarte.
Topographische Karte (1 : 100 000):
[185] 363 Eisleben
[186] 364 Halle-Nord
[187] 387 Sondershausen
[188] 388 Querfurt
[189] 389 Halle-Süd
[190] 390 Leipzig
[191] 412 Sömmerda
[192] 413 Naumburg
[193] 414 Zeitz
[194] 439 Jena
[195] 440 Gera

Meßtischblatteinteilung mit Grenze des Untersuchungsgebietes

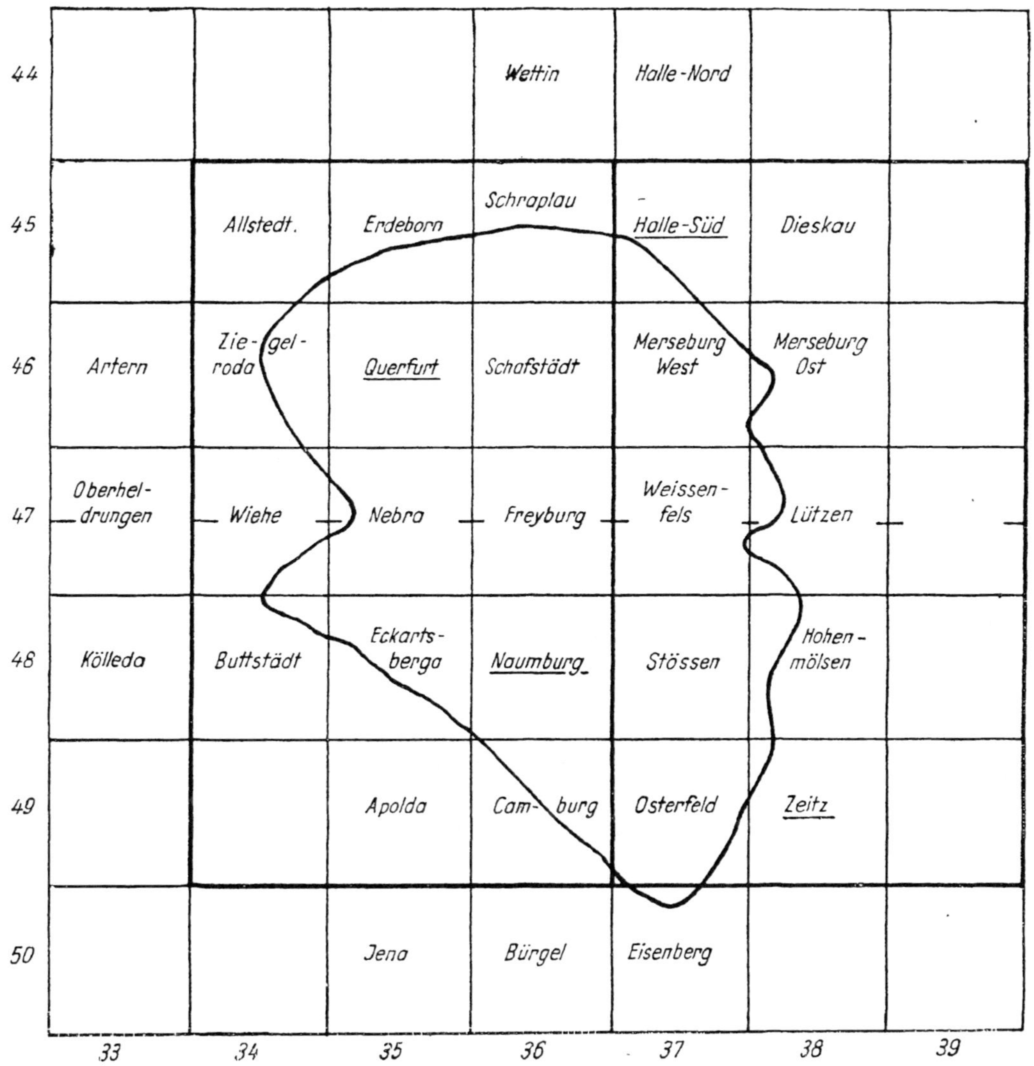

Anlage 1

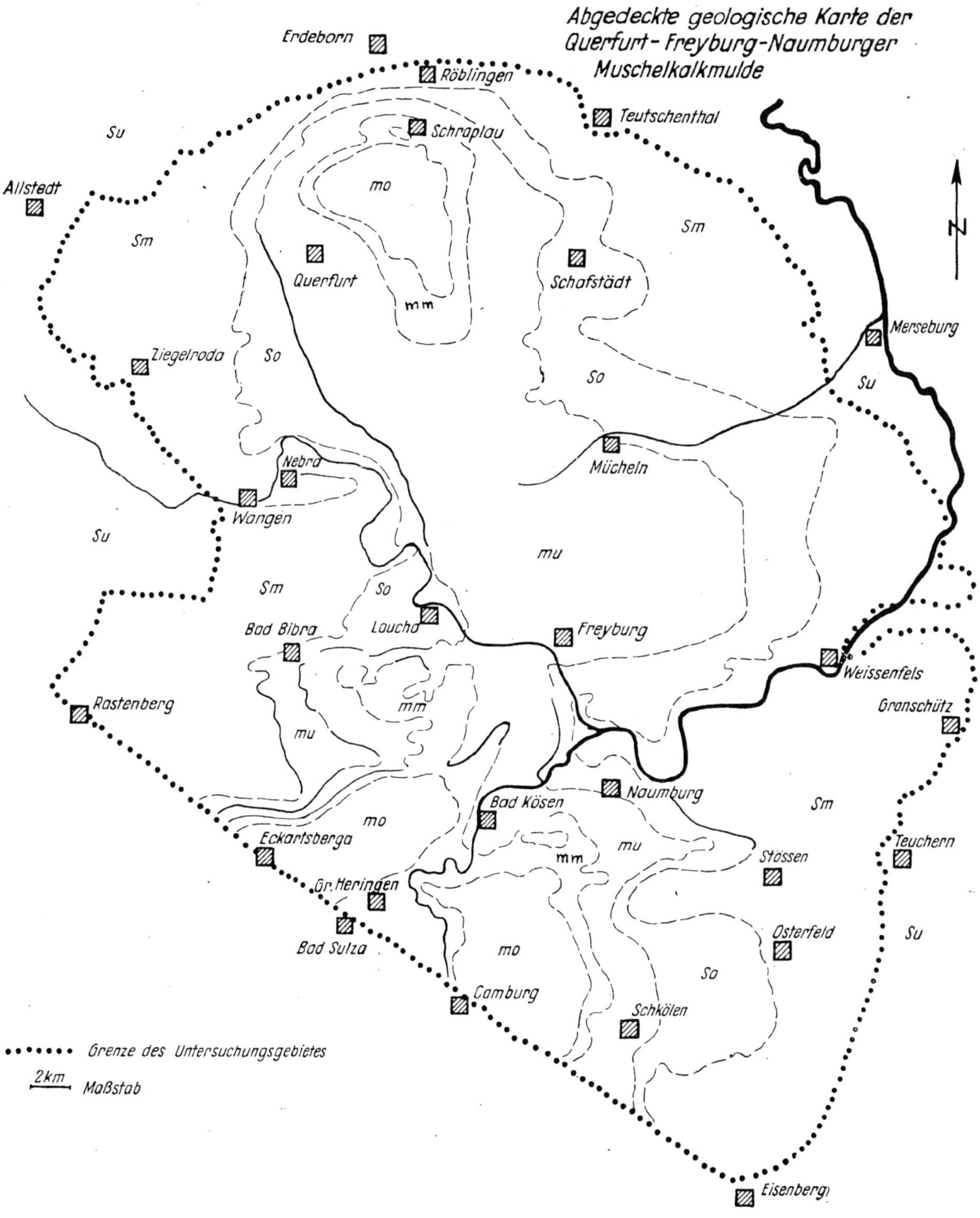

Abgedeckte geologische Karte der
Querfurt-Freyburg-Naumburger
Muschelkalkmulde
Erdeborn
Röblingen
Teutschenthal
Schraplau
Allstedt
Su
Sm
mo
Querfurt
Schafstädt
mm
Merseburg
Ziegelroda
So
Mücheln
Nebra
Wangen
mu
Bad Bibra
Laucha
Freyburg
Weissenfels
Rastenberg
Granschütz
Bad Kösen
Naumburg
Eckartsberga
Stössen
Teuchern
Gr. Heringen
Bad Sulza
Osterfeld
Camburg
Schkölen
Eisenberg
Grenze des Untersuchungsgebietes
2km
Maßstab

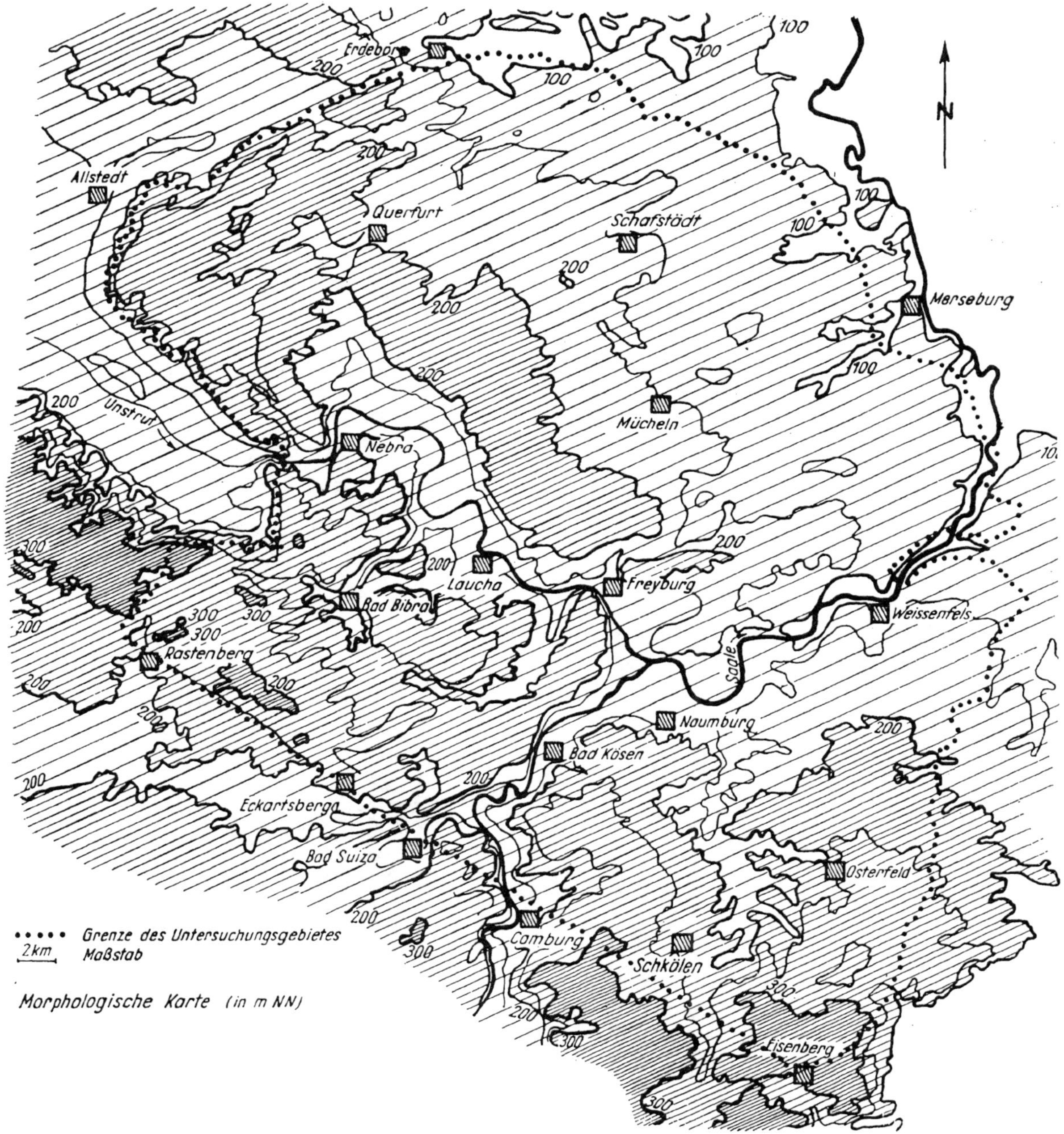

Morphologische Karte (in m NN)

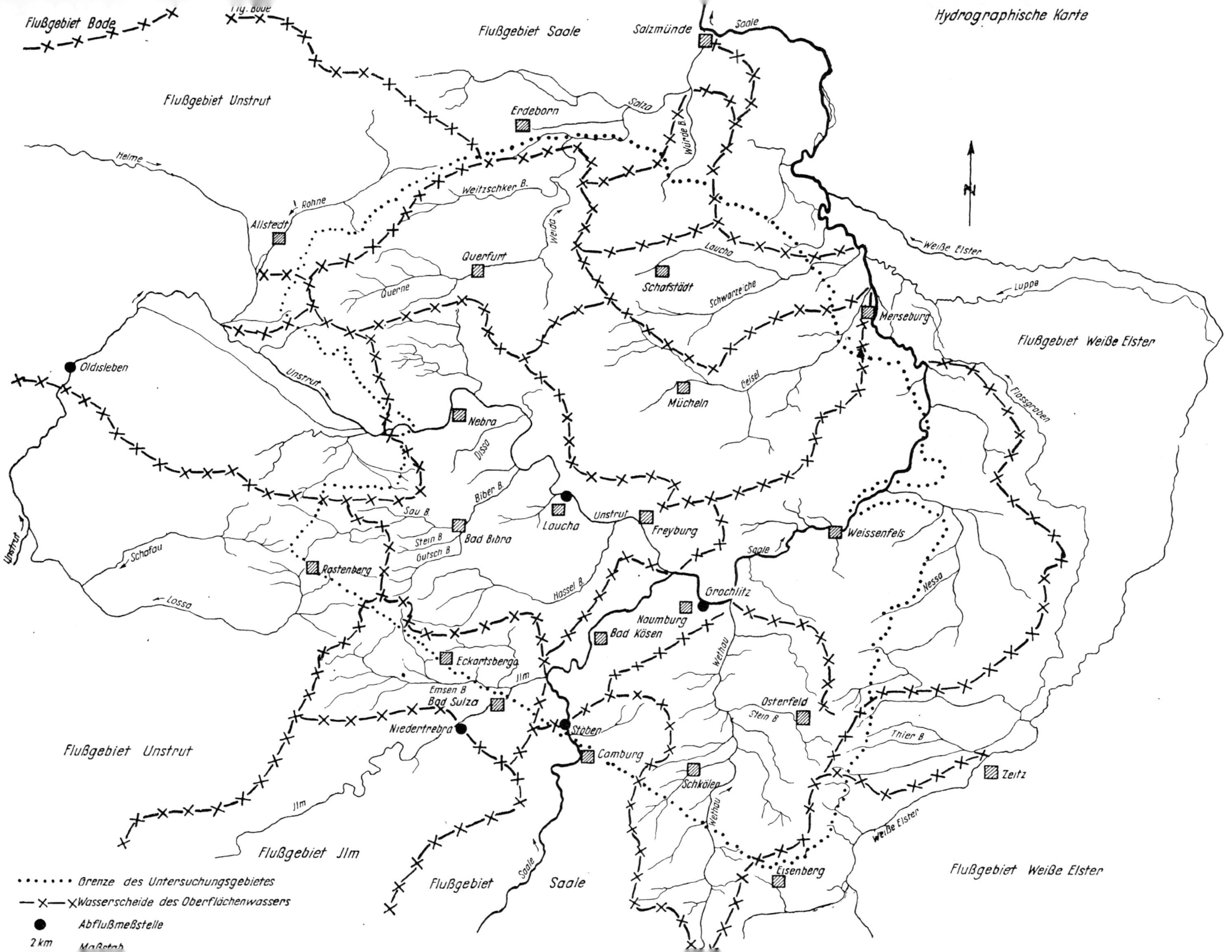

Hydrographische Karte
N
Flußgebiet Bode
Flg. Bode
Flußgebiet Saale
Flußgebiet Unstrut
Flußgebiet Weiße Elster
Flußgebiet Jlm
Flußgebiet Saale
Flußgebiet Unstrut
Flußgebiet Weiße Elster
Salzmünde
Saale
Salza
Erdeborn
Würde B.
Helme
Rohne
Allstedt
Weitzschker B.
Weida
Querfurt
Querne
Laucha
Schafstädt
Schwarze'che
Weiße Elster
Luppe
Merseburg
Geisel
Mücheln
Oldisleben
Unstrut
Nebra
Dissa
Biber B.
Laucha
Unstrut
Freyburg
Sau B.
Bad Bibra
Stein B
Gutsch B
Schafau
Lossa
Rastenberg
Hassel B.
Saale
Weissenfels
Flossgraben
Nessa
Grochlitz
Naumburg
Bad Kösen
Wethau
Eckartsberga
Jlm
Emsen B
Bad Sulza
Niedertrebra
Stöben
Camburg
Osterfeld
Stein B
Thier B
Zeitz
Schkölen
Wethau
Weiße Elster
Eisenberg
Jlm
Saale
Grenze des Untersuchungsgebietes
Wasserscheide des Oberflächenwassers
Abflußmeßstelle
2 km
Maßstab

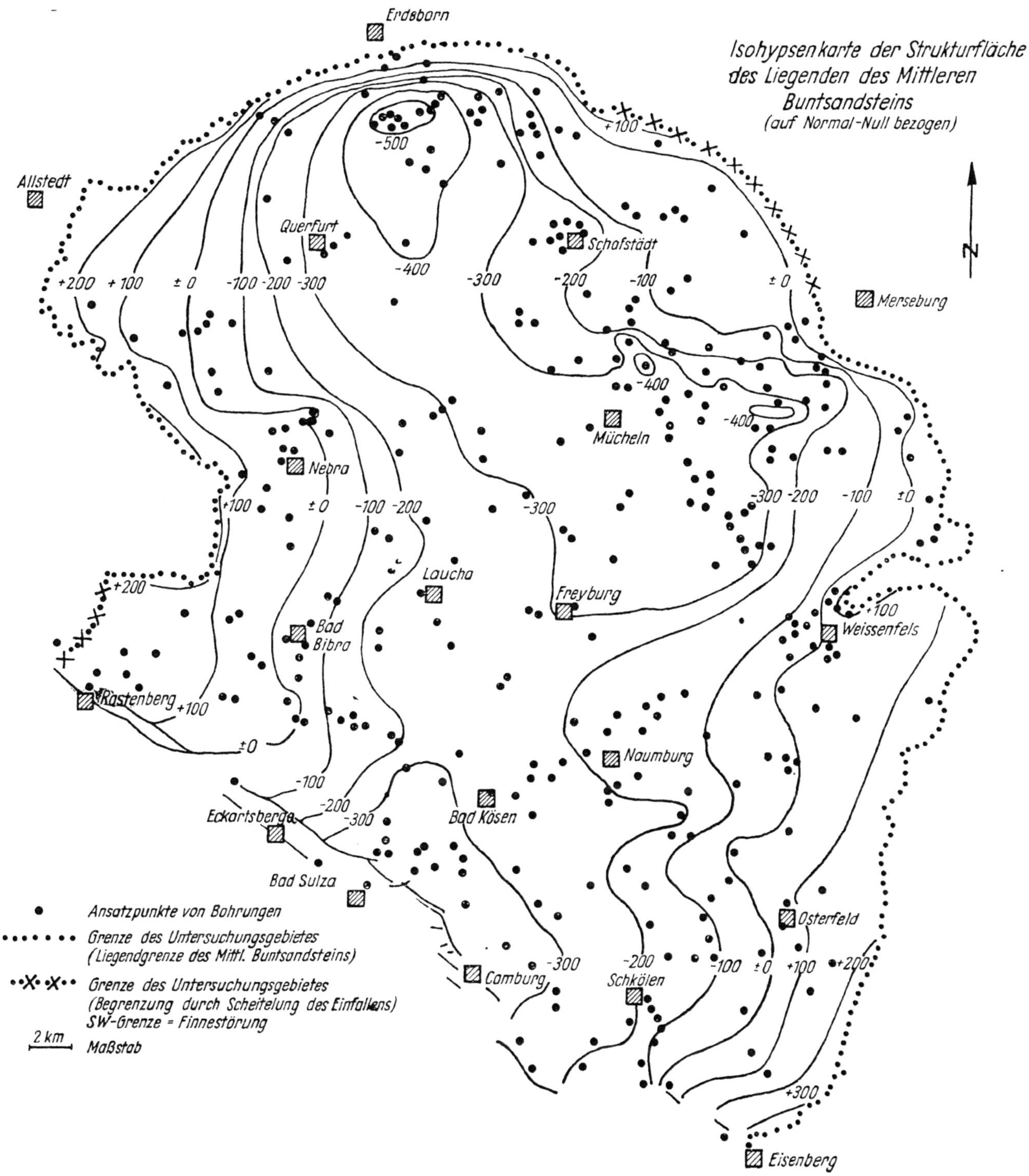
Isohypsenkarte der Strukturfläche
des Liegenden des Mittleren
Buntsandsteins
(auf Normal-Null bezogen)
N
Erdeborn
Allstedt
Querfurt
Schafstädt
Merseburg
Mücheln
Nebra
Laucha
Freyburg
Bad Bibra
Weissenfels
Rastenberg
Naumburg
Bad Kösen
Eckartsberga
Bad Sulza
Osterfeld
Camburg
Schkölen
Eisenberg
-500
-400
-300
-200
-100
± 0
+100
+200
+300
Ansatzpunkte von Bohrungen
Grenze des Untersuchungsgebietes
(Liegendgrenze des Mittl. Buntsandsteins)
Grenze des Untersuchungsgebietes
(Begrenzung durch Scheitelung des Einfallens)
SW-Grenze = Finnestörung
2 km
Maßstab

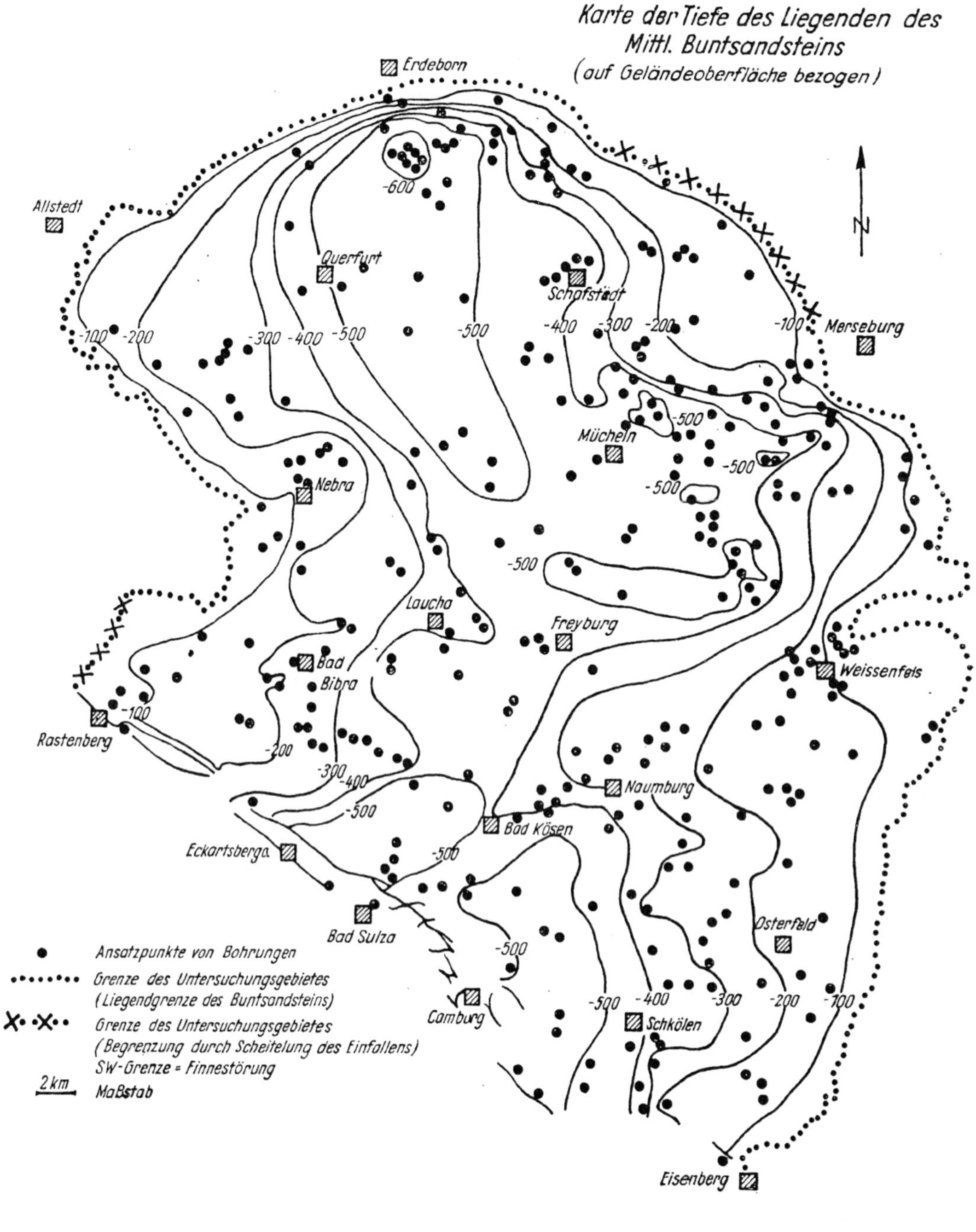
Karte der Tiefe des Liegenden des
Mittl. Buntsandsteins
(auf Geländeoberfläche bezogen)
N
Erdeborn
Allstedt
Querfurt
Schafstädt
Merseburg
Mücheln
Nebra
Laucha
Freyburg
Bad Bibra
Weissenfels
Rastenberg
Naumburg
Bad Kösen
Eckartsberga
Bad Sulza
Osterfeld
Camburg
Schkölen
Eisenberg
-600
-500
-400
-300
-200
-100
Ansatzpunkte von Bohrungen
Grenze des Untersuchungsgebietes
(Liegendgrenze des Buntsandsteins)
Grenze des Untersuchungsgebietes
(Begrenzung durch Scheitelung des Einfallens)
SW-Grenze = Finnestörung
2 km
Maßstab

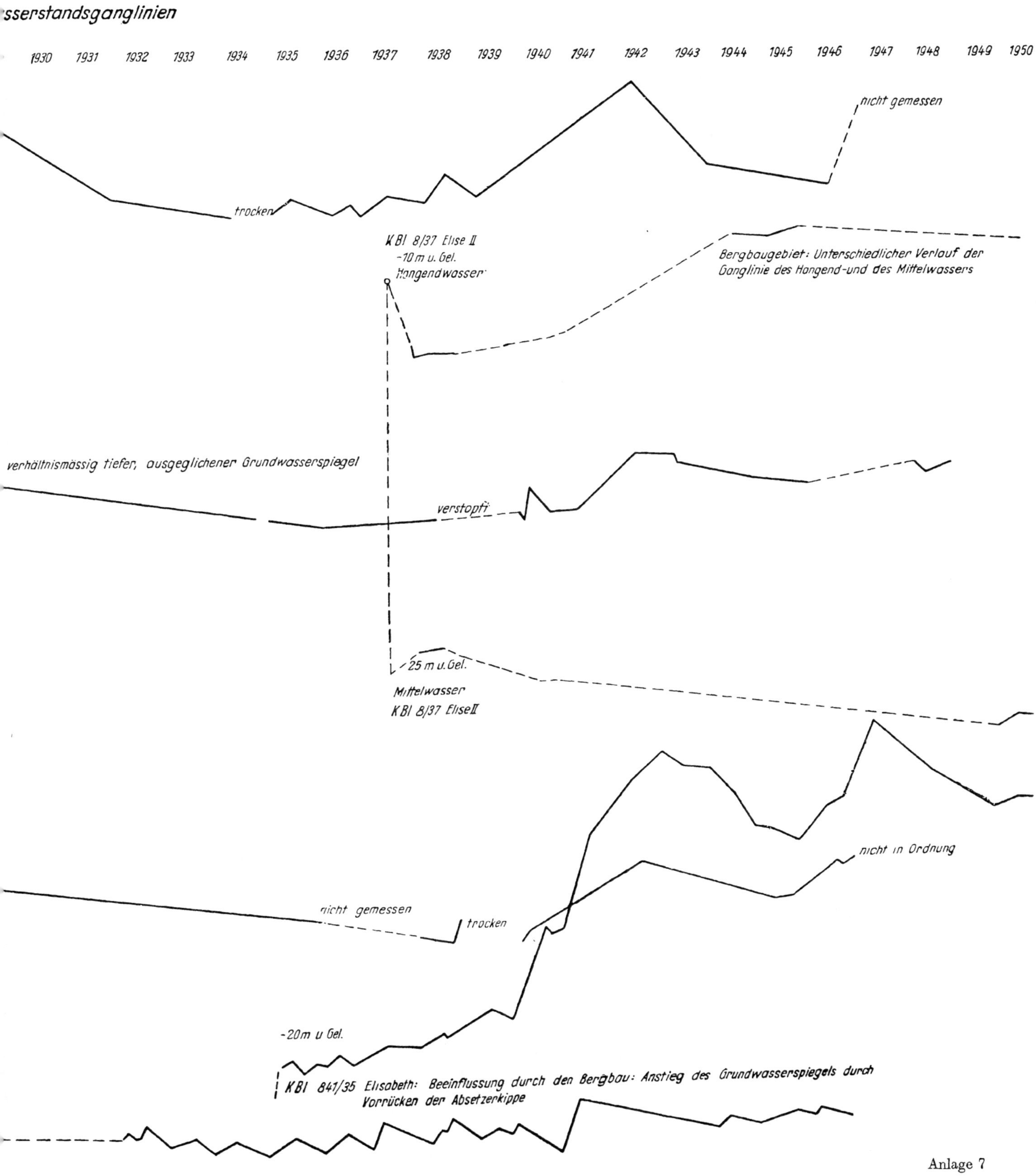
sserstandsganglinien
1930 1931 1932 1933 1934 1935 1936 1937 1938 1939 1940 1941 1942 1943 1944 1945 1946 1947 1948 1949 1950
nicht gemessen
trocken
KBl 8/37 Elise II
-10 m u. Gel.
Hangendwasser
Bergbaugebiet: Unterschiedlicher Verlauf der Ganglinie des Hangend-und des Mittelwassers
verhältnismässig tiefer, ausgeglichener Grundwasserspiegel
verstopft
25 m u. Gel.
Mittelwasser
KBl 8/37 Elise II
nicht in Ordnung
nicht gemessen
trocken
-20m u Gel.
KBl 841/35 Elisabeth: Beeinflussung durch den Bergbau: Anstieg des Grundwasserspiegels durch Vorrücken der Absetzerkippe

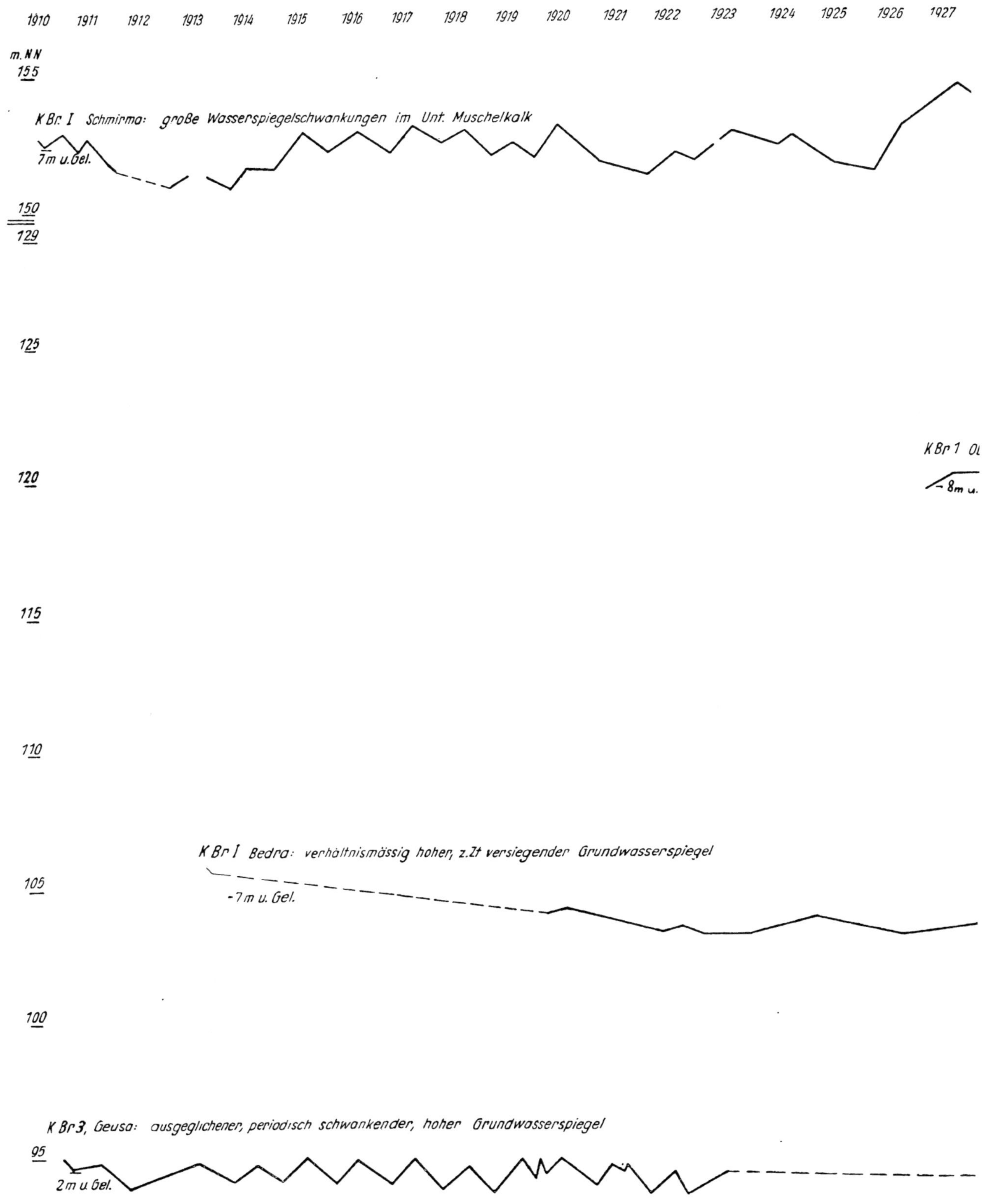
1910 1911 1912 1913 1914 1915 1916 1917 1918 1919 1920 1921 1922 1923 1924 1925 1926 1927
m. NN
155
K Br. I Schmirma: große Wasserspiegelschwankungen im Unt. Muschelkalk
7 m u. Gel.
150
129
125
K Br 1 O
120
8m u.
115
110
K Br I Bedra: verhältnismässig hoher, z.Zt versiegender Grundwasserspiegel
105
-7 m u. Gel.
100
K Br 3, Geusa: ausgeglichener, periodisch schwankender, hoher Grundwasserspiegel
95
2 m u. Gel.

Karte der Hauptgrundwasserstockwerke
(auf Normal-Null bezogen)

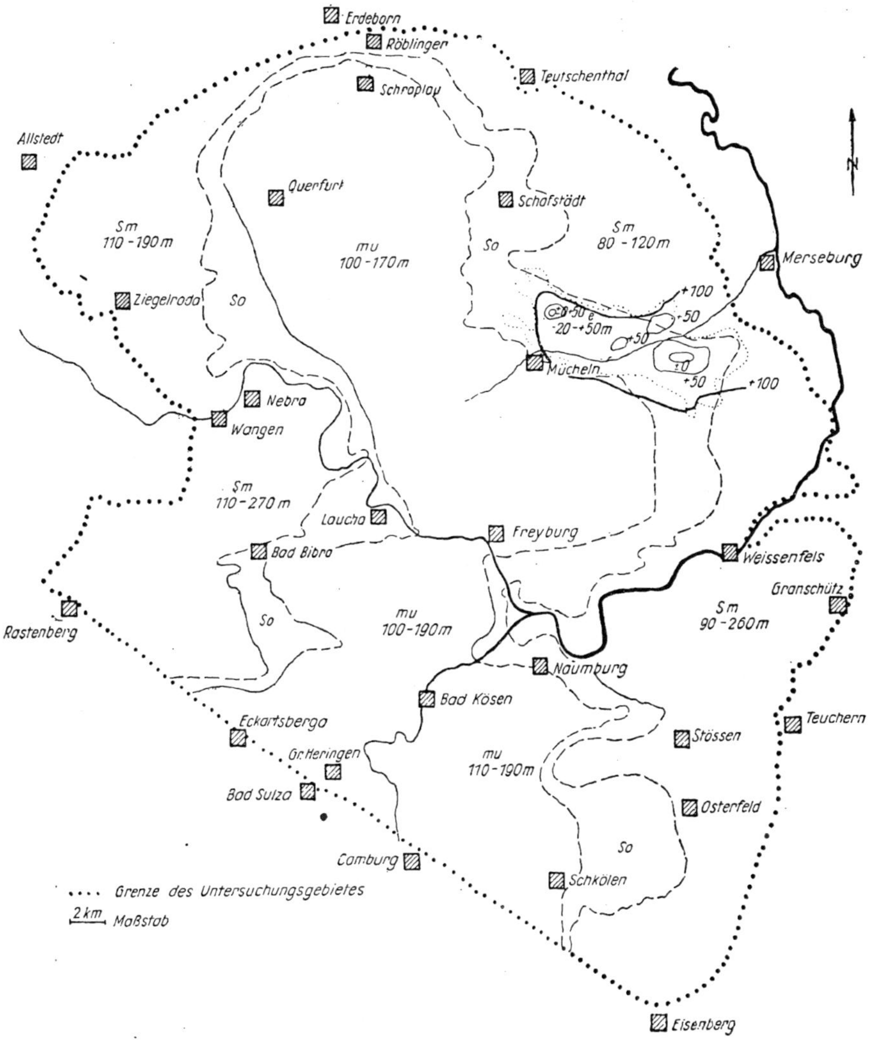

Karte des Chemismus des Grundwassers

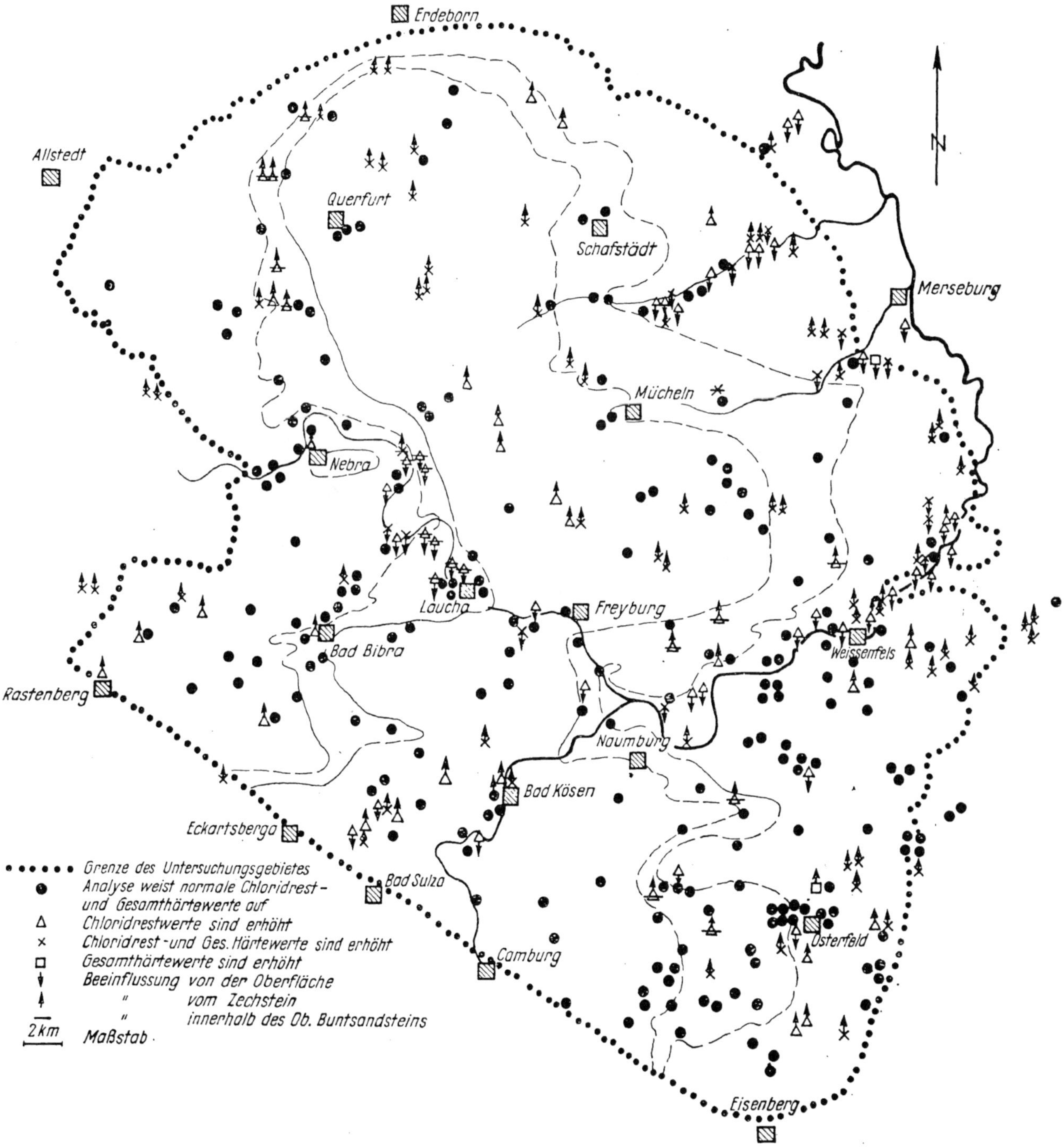

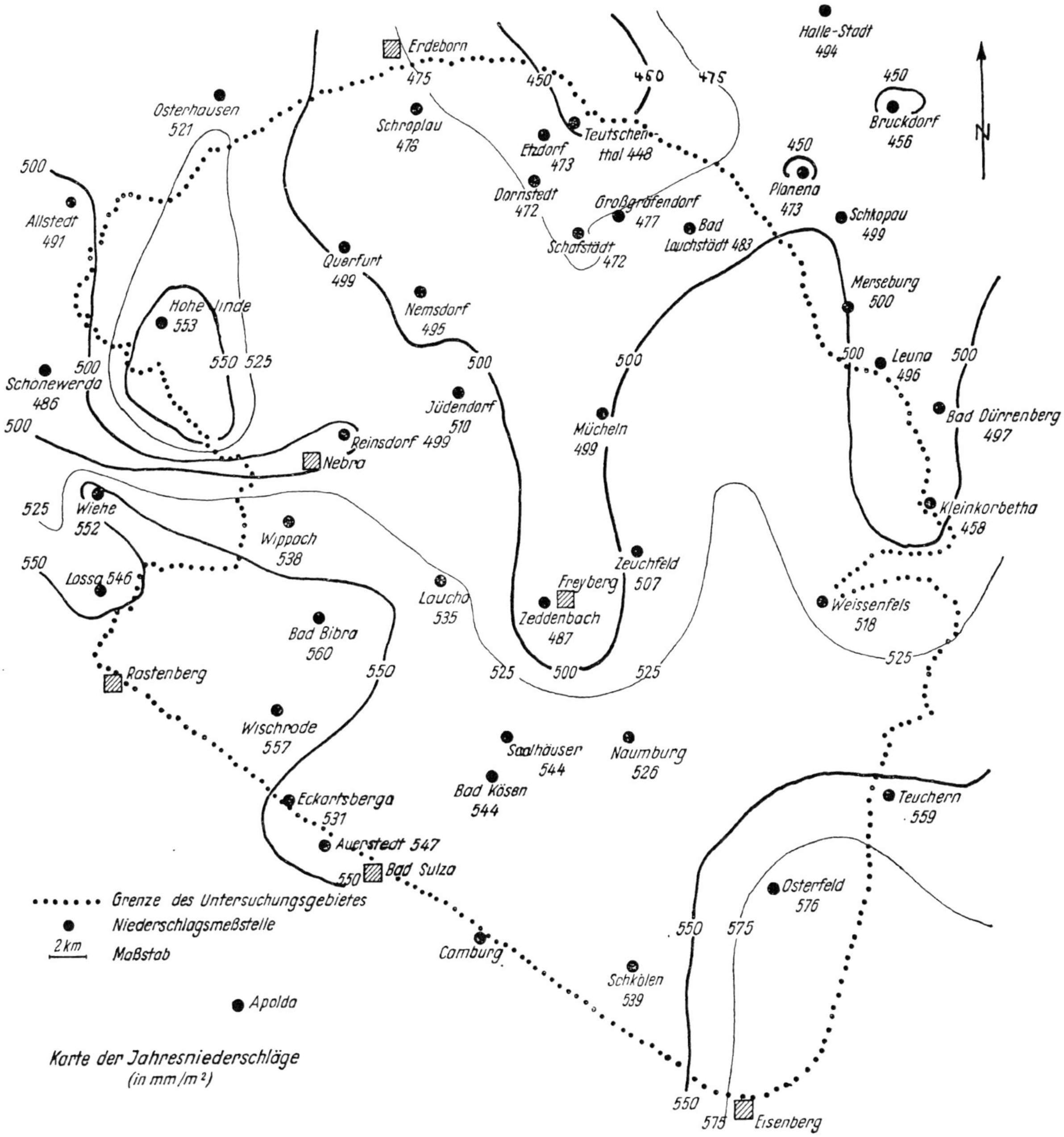

Karte der Jahresniederschläge
(in mm/m²)

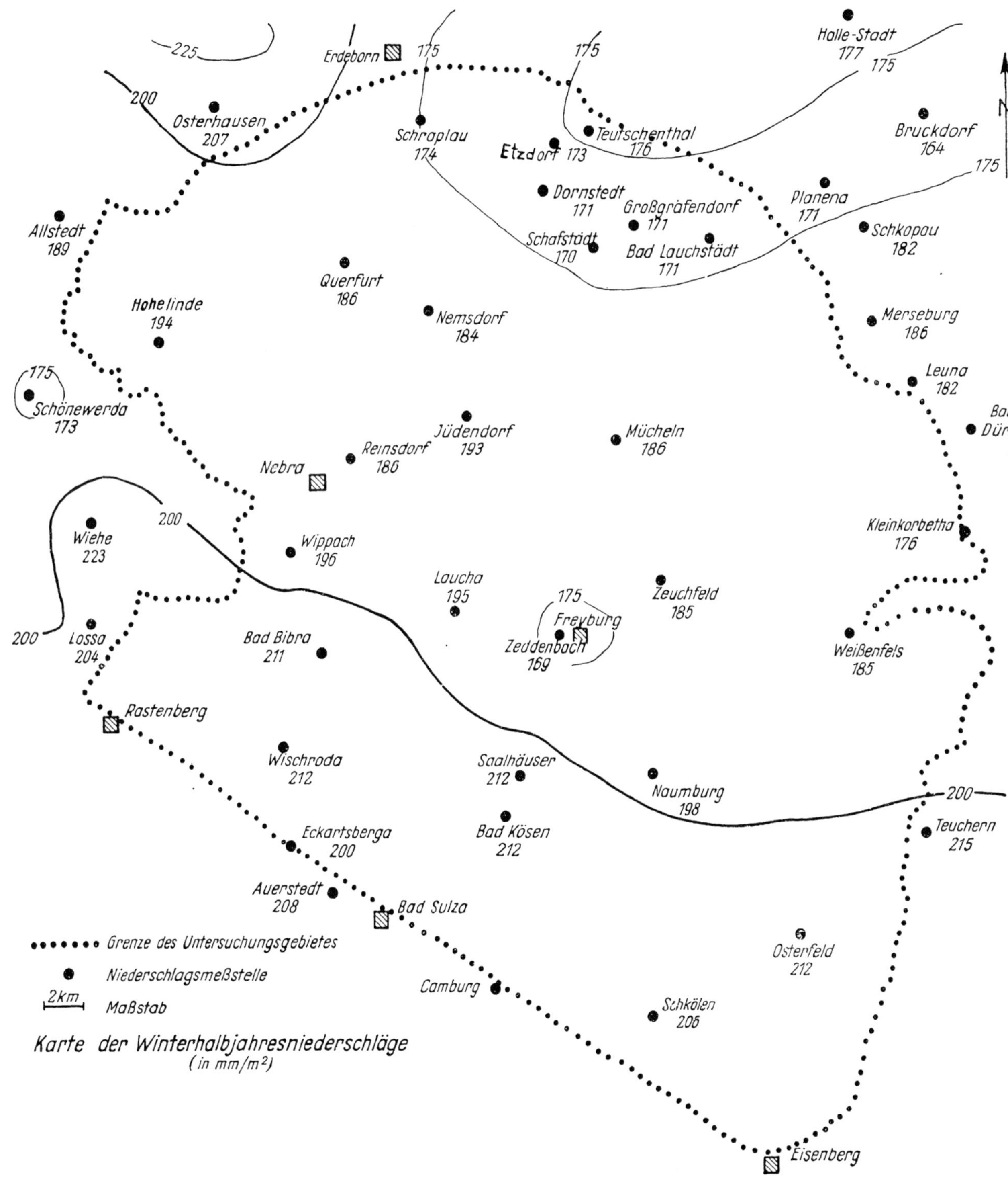

Karte der Winterhalbjahresniederschläge
(in mm/m²)

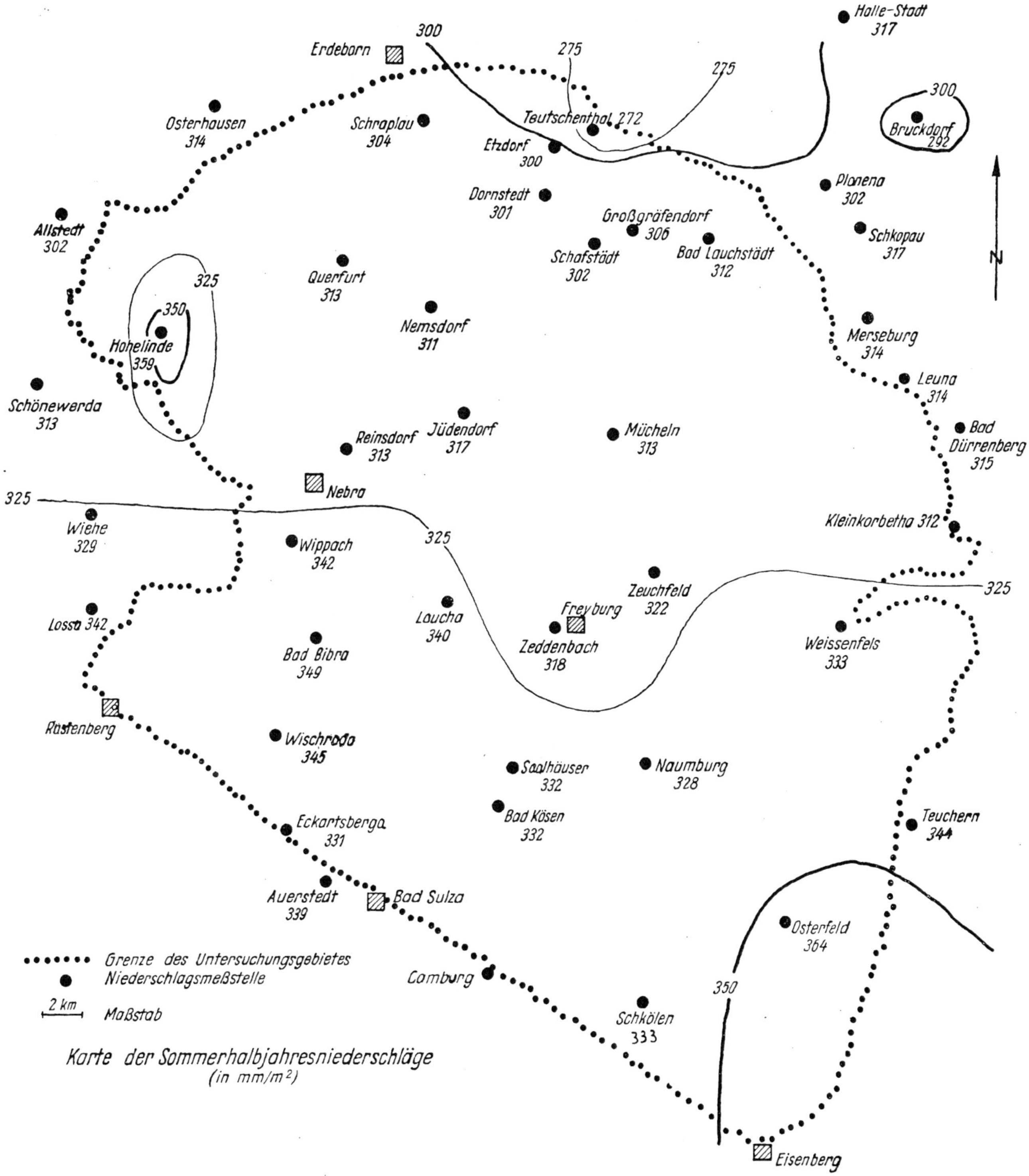

Karte der Sommerhalbjahresniederschläge (in mm/m²)

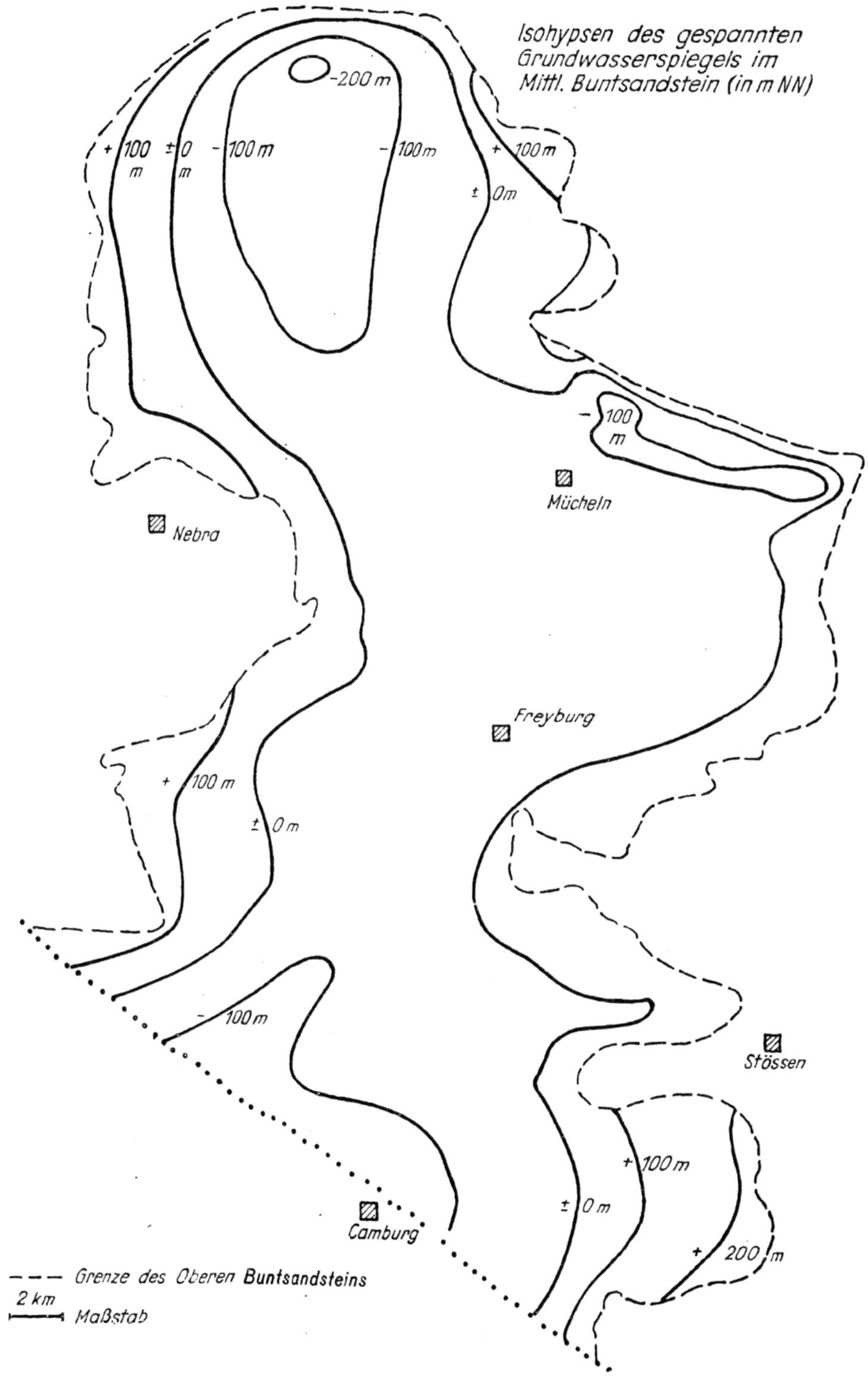
Isohypsen des gespannten Grundwasserspiegels im Mittl. Buntsandstein (in m NN)
-200 m
+100 m
±0 m
-100 m
-100 m
+100 m
±0 m
-100 m
Mücheln
Nebra
Freyburg
+100 m
±0 m
-100 m
Stössen
+100 m
±0 m
+200 m
Camburg
Grenze des Oberen Buntsandsteins
2 km
Maßstab

Besondere Mitteilungen zum Deutschen Gewässerkundlichen Jahrbuch

Heft 17

HANS BOLLMANN

50 Jahre Grundwasserbeobachtungsdienst in Mitteldeutschland

1957. 94 Seiten — 28 Abbildungen, davon 10 auf Ausschlagtafeln — 3 Anlagen — 5 Tabellen
4° — DM 28,50

Im Jahre 1956 kann der Grundwasserbeobachtungsdienst in Mitteldeutschland auf eine 50jährige Tätigkeit zurückblicken. Der Verfasser gibt einen geschichtlichen Überblick vom Gründungsjahr 1907 bis 1956 über den Aufbau des Netzes, das z. Zt. rd. 7000 Meßstellen umfaßt. Eine anschauliche Übersicht über die geologischen und klimatischen Grundlagen, die wichtigsten Grundwasservorkommen, der industrielle Einfluß auf den Grundwasserhaushalt, die landwirtschaftliche Erzeugung in bezug auf den Grundwasserhaushalt lassen erkennen, daß im Kernraum von den Wasserwerken und Entwässerungsanlagen des Bergbaues mehr Grundwasser gefördert wird, als sich neu bilden kann. Die Möglichkeiten zur Erweiterung vorhandener Wasserwerke und die Verknüpfung der Grundwasserbereitstellung für Bevölkerung und Industrie mit den Belangen des Bergbaus werden an Beispielen nachgewiesen.
An Hand von 50jährigen Reihen aus beeinflußten und unbeeinflußten Gebieten werden durch Vergleich untereinander die Zusammenhänge erläutert, vor allen Dingen auch im Hinblick auf die meteorologischen und geologischen Faktoren.

Bestellungen durch eine Buchhandlung erbeten

Deutsche Gewässerkundliche Jahrbücher für das Gebiet der Deutschen Demokratischen Republik

Herausgegeben vom Meteorologischen und Hydrologischen Dienst der DDR, Hauptamt für Hydrologie

Erscheinen nicht im Handel. Der Meteorologische und Hydrologische Dienst kann Exemplare auf Wunsch an Interessenten abgeben. Bestellungen werden über den Verlag erbeten.

Abflußjahr 1943
1952. 201 Seiten — 1 Karte — 4° — DM 65,—

Abflußjahr 1944
1953. 180 Seiten — 2 farbige Abb. — 1 Karte — 4° — DM 56,—

Abflußjahr 1945
1953. 139 Seiten — 8 Abb. — 2 Karten — 4° — DM 41,—

Abflußjahr 1948
1953. 222 Seiten — 95 Abb. — 1 zweifarbige Karte — 4° — DM 65,—

Abflußjahr 1949
1954. 221 Seiten — 102 Abb. — 1 zweifarbige Karte — 4° — DM 43,20

Abflußjahr 1950
1954. 270 Seiten — 92 Abb. — 1 zweifarbige Karte — 4° — DM 44,—

Abflußjahr 1951
1955. 322 Seiten — 106 Abb. — 1 zweifarbige Karte — 4° — DM 72,50

Abflußjahr 1952
1955. 322 Seiten — 108 Abb. — 1 zweifarbige Karte — 4° — DM 80,—

Abflußjahr 1953
1956. 327 Seiten — 108 Abb. — 1 zweifarbige Karte — 4° — DM 81,—

Abflußjahr 1954
1956. 329 Seiten — 1 Landkarte — 4° — DM 80,—

Abflußjahr 1955
1957. 344 Seiten — 113 Abb. — 1 mehrfarbige Karte — 4° — DM 83,—

Abflußjahr 1946, 1947
In Vorbereitung

Bei den vorliegenden Deutschen Gewässerkundlichen Jahrbüchern für die Abflußjahre von 1944 an ist das Gesamtgebiet der Deutschen Demokratischen Republik — abweichend von den bisherigen Jahrbüchern — in vier Teilgebiete unterteilt worden. Es sind dies: Odergebiet, Küstengebiet der Ostsee (östlich Travemünde), Elbegebiet und Wesergebiet (Werra). Dazu kommt der allgemeine Teil, der, neben den Erläuterungen zum Jahrbuch, eine Übersicht über die meteorologischen und gewässerkundlichen Verhältnisse im Abflußjahr enthält. Bei den bildlichen Darstellungen im allgemeinen Teil wurde auf die Darstellung der meteorologischen Beobachtungen (Niederschläge, Schneehöhen und Lufttemperaturen) verzichtet.

AKADEMIE-VERLAG · BERLIN

FSC
www.fsc.org
MIX
Papier | Fördert gute Waldnutzung
FSC® C083411

Zeitfracht Medien GmbH
Ferdinand-Jühlke-Straße 7
99095 Erfurt, Deutschland
produktsicherheit@kolibri360.de